安全文化学手稿

邱成 著

西南交通大学出版社
·成都·

**图书在版编目（ＣＩＰ）数据**

安全文化学手稿 / 邱成著. —成都：西南交通大
学出版社，2017.5
ISBN 978-7-5643-5462-6

Ⅰ. ①安… Ⅱ. ①邱… Ⅲ.①安全文化－研究 Ⅳ.
①X9

中国版本图书馆 CIP 数据核字（2017）第 119401 号

**安全文化学手稿**

邱　成　著

| | |
|---|---|
| 责 任 编 辑 | 杨　勇 |
| 封 面 设 计 | 何东琳设计工作室 |
| | 西南交通大学出版社 |
| 出 版 发 行 | （四川省成都市二环路北一段 111 号 |
| | 西南交通大学创新大厦 21 楼） |
| 发行部电话 | 028-87600564　028-87600533 |
| 邮 政 编 码 | 610031 |
| 网　　　址 | http://www.xnjdcbs.com |
| 印　　　刷 | 四川煤田地质制图印刷厂 |
| 成 品 尺 寸 | 170 mm × 230 mm |
| 印　　　张 | 16.25 |
| 字　　　数 | 255 千 |
| 版　　　次 | 2017 年 5 月第 1 版 |
| 印　　　次 | 2017 年 5 月第 1 次 |
| 书　　　号 | ISBN 978-7-5643-5462-6 |
| 定　　　价 | 82.00 元 |

图书如有印装质量问题　本社负责退换
版权所有　盗版必究　举报电话：028-87600562

# 序

    人生天地间，生死事大，安全第一。人，作为生命个体，活着，存在，健康，发展，是最重要的，是第一要义。古往今来，安全与人，息息相关，不言自明。人类创造文化。文化者何，众说纷纭，各圆其说，精彩纷呈。广义言之，它是否应当涵盖人类一切事务一切方面？它是否应当关联人人的日常生活，林林总总？那么安全呢？安全即文化，此论何妨顺理成章。此论也正是本书所提出的主要观点，精义所在。安全，安全文化，到底何为，安全文化学是什么，它包括哪些方面，它的重要意义和价值有哪些，它何以成为可能，等等，这些正是本书作者欲与读者诸君所要热情探讨和深刻交流的问题与兴趣所在。

    邱成先生，为人严谨谦和，学思敏锐，眼光独到，长年沉浸优游于学，尤攻安全文化，传播理念，研究理论，完善体系，交流同仁，其心使然，其事甚伟，其情可佩。作为安全文化理念宣传传播的亲历者和见证人，其所见所闻所思所感所悟所得，不可谓不多，诚心所致，发之为文，故有此书，故有此精美文集一册。

    此文集是作者二十多年来研究手稿的汇编，时间跨度之大，所论问题之多，考虑方面之广，思想文笔之美，不失为引玉之玉。全书分为五叠，分论安全文化之源，之流变，美学文艺学，概念辨析，传播及理念倡导五大方面，五者各有侧重，妙文翩翩，又拢而统之，成一整体，概述安全文化在中国传播与理念形成之大况，又勾画出安全文化学的时空轮廓，使读者有一清晰总印象，从中也可逐见作者之思路和思考之脉络。读者诸君，欲详其理，欲明其事，欲与作者心思交流之，不妨翻书一阅，也是一大快事！

    世界之势，浩浩荡荡。文化事业，大有可为。可为之事业，大文化也。大文化者，不必受制于时空，不必拘泥于学科领域，凡有助于人类健康活泼发展之事业，都应在内。安全文化，即在其中。安全文化，除旧创新，可大可小，实与人人相关，它就在你我身边，就在文化熏陶的日常生活中。因此之故，安全文化可以引导人们努力求真求善求美，改变陈旧的价值观，培养高尚的道德感，因为人寻求一切事物的意义，更需要追求自身存在的意义。惟愿现代人，努力追求，勇猛精进，诗意盎然，斗志昂扬，开创出科学发展和安全发展的新天地。

编　者

2017 年 3 月

# 前　言

安全，是有自觉意识的生命体对自身本质力量的充分肯定，是基于生命体的自觉之为而产生的宜人的时空状态和审美对象。

安全文化，是生命体对自身存在的自觉，以及由这种自觉的支配所创造的肯定自身的全部事物。

安全文化学，是研究生命体对自身存在的自觉，以及由这种自觉的支配所创造的肯定自身的全部事物及其变化规律的学科。

那么，什么是"有自觉意识的生命体"呢？

生命，是一个很大的范畴，包括动物、植物、微生物以及未知生物。其中，有自觉意识者，在当下的视域和认知范围内，除"人"之外，别无他类。正因为如此，人的生命才具有自然和社会双重属性。所以，上述三个判断所指"生命体"，毫无疑问，就是人的生命体；而且，人是生命体自觉的唯一存在①。由此可见，上述三个判断可以换作如下表述：

安全，是人对自身本质力量的充分肯定，是人的自觉之为所产生的宜人的时空状态和审美对象。

安全文化，是人对自身存在的自觉，以及由这种自觉的支配所创造的肯定自身的全部事物。

安全文化学，是研究人对自身存在的自觉，以及由这种自觉的支配所创造的肯定自身的全部事物及其变化规律的学科。

## 一

循着上述判断，我们对安全、安全文化、安全文化学已有初略了解。不过，

① 参见昝加禄、昝旺《生命文化要义》（北京：人民军医出版社，2013年9月第1版）。

我们必须进一步往深处说，并将注意力集中到人身上，才能把握实质，有所发散。人与毫无生命自觉的其他物种（特指动物）相比，受意识支配进行劳动和制造工具是其独有特征。劳动，是为了获取食物得以生存；制造工具，是为了高效的劳动，更好的生存。当代安全学者虞和泳说，劳动是人的存在方式。这一表述准确恰当，浅显易懂。但是，劳动过程会伴生伤害，劳动着的人会因失误而伤及自身或一同劳动的伙伴，这就免不了要产生不利于人的安全之问题，而这些问题都是因为人的劳动。这表明安全只与人有关，即使并非人的劳动所致的伤害也在其中。例如地震、海啸、火山爆发、洪水泥石流等自然现象，如果发生在无人区，它就不会引发伤害。我们寄生的这个星球之所以会有灾害，就是因为人在其间。无论来自何种因素的伤害，都是对人的生命和健康的否定。这种否定一开始就刺激着刚刚直立起来的人的大脑，于是人就有意识地千方百计避害躲灾。这种受大脑意识支配的护命保体的行为，以及这种行为所产生的如愿成果，就是人类文化的发端，它是基于对生命的自觉，进而保护和肯定生命而发生的。自此，在人类数百万年的历史长河中，安全一直如影随形地伴着人类，并走到今天。可以说，是人创造了安全，而安全又肯定了人。这又应了虞和泳的判断：安全是人的存在状态。

因此，安全只与人有关，便成为我们讨论安全文化的前提。这一前提还告诉我们，由于安全只与人有关，表明安全本身就是一种文化；作为一种人为的事物，安全具有文化的全部属性；即使构成这一概念的词语没用文化二字作后缀，它所表达的也是一种文化，并且是可以用来解释别的文化的文化，这种文化又被称作元文化。而安全文化学，就是以安全这种元文化为研究对象的学科。

二

安全文化，作为概念，是一项发明；作为社会历史存在，是一种发现。前者是国际原子能机构（IAEA）核安全咨询组（INSAG）基于核电厂的安全对策而形成的集体智慧的结晶，于1986年提出。后者是中国安全学人在1994年做出的贡献[①]。30年来，随着概念的提出，全球安全工作者持续关注，回应积极，热度不减。在中国，不仅媒体极力传播安全文化，大力倡导安全文化建设，工矿企业、城乡社区以此认识为指导广泛实践，还于2009年形成专门学科，并早在20世纪

---

① 参见《警钟长鸣报》1994年合订本。

90 年代初期，就进行了刨根问底的研究，超越既有认识的局限和偏见，在发现其新内涵的同时，创造性地提出安全文化是人类社会最古老的一种文化的观点。

安全文化与安全科技不同，安全科技虽然是个综合学科，但习惯上却以自然科学为主，许多科研选题还局限于理工的门槛之内，内容包括实现安全的方法、手段和措施，侧重于控制危险，消除种种可能发生的不利于人的伤害，并从技术的角度回答安全的"为与不为"和"能与不能"。例如曾有科研机构发布"GDP决定论""阶段理论""事故易发期理论"等安全科研成果，公开声称已经找到安全生产规律，即任何国家和地区的 GDP 处于某值与某值区间，都难逃事故高发的厄运，而中国，尽管经过努力，仅能使事故的增幅有所下降；以此观点，并以科学的名义告诉国人："事故难免"。一时间，安全工作者的信心大减。为克服消极因素的影响，人们又从安全科技得以产生的文化母体入手，倡导安全文化建设。安全文化的内容包括这一文化的源流变、传播与承继、结构与功能、个性与共性，侧重于揭示安全的本质与价值，并从伦理道德的角度回答安全的"不可不为"和"不应不为"。安全文化的特点，一是求真，承认客观，反对一切违反客观规律的认识与活动，即科学安全文化；二是"求善"，关怀客观，反对一切危害人的认识与活动，即人文安全文化。对这两大特点的突出，能在一定程度上纠正安全科技在实践中的偏颇，使安全科技的本来面目得以还原。由此得见，安全科技，以自然科学和工程技术为主，其特点是求真有余求善不足；而安全文化，求真是基础、是手段，其出发点和最终目的都是求善。

说得再白一点，即：要我安全，是制度，是管理；我要安全，是狭义的文化；我会安全，是广义的技能。这样的表述，既涉及科技，又涉及管理，还涉及人文，而这些，均属于广义的文化学意义上的安全文化的范畴。

三

在安全文化概念的传播和理念倡导中，以其昏昏使人昭昭是断不可取的。这就要求传播者必须辨明安全文化到底是借助文化的软实力和渗透力来促进安全，还是视安全本身为一种文化。为此，1993 年，作者所在的警钟长鸣报社组织了多次论证，力主将安全本身视为一种文化来倡导，并发动安全学人以此观点撰文，赋予此概念新的内涵，由此形成具有中国特色的有别于舶来的安全文化理念。

这就是安全文化概念在中国广泛传播的认识基础，也是安全文化中国化的前提。

在最初的几年间，由于是学人所为，而非官方倡导，仅有个别高层人士以个人名义表示理解和支持，公众响应者甚少，甚至还被企业界一些安全同行不齿和不屑，议论之声四起，且褒贬不一。有人说，"倡导安全文化的人，多是些安全的外行"；还有人说，"把安全和文化拼凑在一起，是赶文化热的时髦，是因为无法表达对安全的思想（认识）所致"，等等，五花八门，不一而足；更有人撰文表白，反对倡导安全文化。当时，中国劳动保护科学技术学会顾问，原中华全国总工会劳动保护部部长江涛曾对《中国安全文化建设——研究与探索》的几位作者说，"你们这是小马拉大车"，他还撰文支持安全文化理念传播①。1994 年 6 月，劳动部部长李伯勇在《安全生产报》发表署名文章，要求"把安全工作提高到安全文化的高度来认识"；同年 12 月，全国人大常委会副委员长李沛瑶为《中国安全文化建设——研究与探索》的出版题词："普及安全文化知识，提高人民安康水平"。1995 年 6 月，全国安全生产周活动将"倡导安全文化"列为主题；同年 11 月，本书作者专访李伯勇，李伯勇旗帜鲜明地说："安全文化建设是整个安全工作的基础。"② 专访在《警钟长鸣报》发表后，全国多家安全专业媒体转载，产生良好的舆论导向作用，影响久远……

## 四

我国把安全文化作为科学研究对象，要追溯到 20 世纪 50 年代。1953 年，工人出版社出版中华全国总工会劳动保护部部长江涛的专著——《劳动保护的几个问题》；继而是从未停止过的对劳动保护（劳动安全卫生）的研究，以及 20 世纪 80 年代刘潜③从劳动保护到安全科学的研究，此有成立于 1956 年的劳动部劳动保护科学研究所（现北京市劳动保护科学研究所）和成立于 1983 年的中国劳动保护科学技术学会，以及安全科学技术一级学科的建立为据。因为安全本身就是一种文化，对安全的研究就是对这种文化的研究，与作为概念的"安全文化"是否提出无关。这既是对历史的还原，也是对这种文化因袭的承认。20 世纪 90 年代初

---

① 参见《警钟长鸣报》1995 年 12 月第 50 期第 1 版。
② 参见《警钟长鸣报》1995 年 12 月 4 日第 48 期第 1 版。
③ 刘潜：安全科学技术学科理论创立者，著有《安全科学和学科的创立与实践》（北京：化学工业出版社，2010 年 11 月）。

期，"安全文化"概念悄然传入中国，由于其内涵的局限和宣传的乏力，仅在核工业领域作为企业安全管理经验被借鉴。随着研讨的展开，其理念的新颖性被揭示出来，使关注此事的安全学人受到启发，使以捕捉新闻为专长的媒体发现其价值所在。1994年1月，四川的警钟长鸣报社创办国内第一份公开发行并连续出版的《安全文化》月刊，为安全文化研究成果提供了便捷的发布平台；同年12月，四川科技出版社又推出全国第一本由非官方组织出资、由安全学人自由自主撰写，并自成体系的安全文化研究专著《中国安全文化建设——研究与探索》（安全文化系列丛书之一），1995年，气象出版社推出安全文化系列丛书之五《中国企业安全文化活动指南》。随后，全国各地、各行各业针对安全文化的学术研讨和交流不断，安全文化一度成为安全科研的选题热点。此间，虽无学科之名，但已形成学科之实。紧接着，1998年和2002年，四川科技出版社、煤炭出版社又相继推出《安全文化导论》《安全文化新论》。2005年，本书作者在其所著并由化学工业出版社出版的《安全文化通论》一书中提出创建"文化安全学"①的建议；2009年，国家标准《学科分类与代码》（GB/T 13745 - 2009）将"安全文化学"正式列入"安全科学技术"（代码"620"）之二级学科"安全社会科学"（代码"62021"）中，作为50多个三级学科之一。由此可见，安全文化学的研究实践先于学科建立。没有无数安全工作者的实践和创造，没有一批又一批安全学人对安全的研究和成果的积累，安全文化学就无从谈起。正如安全文化作为人类社会亘古就有的客观历史存在和人类文化之源的事实，与有无这个文化之名毫无关系一样。

试想，假如至今仍然没有安全文化之名，安全这种文化是否就不存在。同理，人们从未停止过对安全的琢磨，琢磨的对象难道是别的文化。既然研究安全就是研究安全文化，而安全文化学又是以安全文化为研究对象的学科，推理至此，答案已经得出：安全文化学早就以无形和无名的学科样式客观存在着。

"安全文化"概念传入中国后的安全文化理论研究，至今已有20多个年头，专门研究安全文化的学科——安全文化学——也建立了七八年。学科的建立基于研究的深入和成果的积累，同时也为研究活动的可持续和新成果的问世找到了学科归属。但是，学科建立后，官方对安全文化理论研究的促进却远不及对安全文

---

① 2003年，作者在撰写《安全文化通论》时，曾在初稿中提出创建"安全文化学"，后反复斟酌，自知其文化学的修养和研究功力不够，以及当时团队的知识结构和热心这项研究的同行的专业局限，加之许多已经发布的成果亦只是从文化的角度来研究安全，安全学的特征强于文化学的特征，故在后来定稿时将其改为"文化安全学"。

化建设实践的推动，致使实践因流于形式让人不屑，致使理论研究因动力不足进展缓慢；与此同时，学人自由自主的研究也少了当年的激情，更缺乏敢立前沿的勇气和担当；在选题方面则重复现象严重，在用途方面又多与博取职称与学位有关，虽有成果问世却难见新的发现与突破，多数成果还远离实践、远离这种文化建设本身之需，以致还存在与20多年前相差无几的情形，安全文化依然不被企业理解和接受，认为是多此一举，是花架子，是玩文字游戏，是换了说法的安全管理；再则，就是凡涉及安全的词语和名称都以"文化"作后缀，例如安全生产文化、安全档案文化、安全统计文化、安全情感文化、安全宣传文化、大学生安全文化，等等，好像不加上文化一词，安全就不是文化似的。这些都是以上现象产生之因，也是人们应当正视的现实。

在安全文化理论研究中，怎样给安全文化定义，最早涉足和涉足很深的安全学人一直持十分慎重的态度，至今仍未给出明确的定义。这是因为，要下定义，就得明确这到底是个文化学概念，还是安全学概念，抑或是管理学概念。纵观诸多定义，基本上都是管理学概念，称得上安全学概念的也为数很少。以"核安全文化"为代表，它是今天人们已经认识到的企业安全文化的子概念，是企业安全文化的典型模式；但从1991年定义的倾向性来看，它是一个管理学概念。所以，有学者坚持认为安全文化"是工业社会的管理型文化"，这是割断历史的定义标准；还有学者认为"没有安全科学就没有安全文化"，这是本末倒置的单纯的安全学观点。严格地说，安全文化是文化大家族的一个成员，是文化的子概念，从文化学的角度来下定义比较合适。但文化本身的定义至今仍众说纷纭，见诸文献的都多达数百种。这就给从属于它的安全文化带来了定义的困难。加之先行一步的安全学人多出身于工学，限于专业背景与知识结构，唯恐定义不准，便留予后学，以求真知，更待创见。

还有一种现象过去没太注意，2016年年底，作者因修地方安全志，完稿后由史志办请几位文化学者和历史学者审稿。在审阅时他们发现稿中有安全文化的记述。因其没听说过，便查阅有关资料，方知有此一说，且是核安全文化，故而表示能接受安全是一种文化的说法，但对其是元文化的结论不予支持。理由很简单，因为"元文化"既是人类首批创造的文化，又是"可用来解释别的文化的文化"；他们认为安全文化不具备这一条件，并以"无考古成果作证"为由予以否决。

关于这点，作者结合自己在过去的研究中曾经查阅过的文献，经再度求证、反复思索后认为，历代史家和文化学者对安全文化实际上早就有所触碰，并在有关著述中无数次地叩响了安全文化的门环，但只是叩而不入，或欲入又止。何以见得：许多远古的遗存，如原始人的群居遗址、原始篝火的灰烬、山顶洞人使用的赤铁矿粉粒①；许多神话传说，如鲧禹治水②、羿射九日③、女娲补天④、嫦娥奔月等；许多至今仍存于人们生活中的文化样式，如符号、语言、绘画、音乐、舞蹈、烟花爆竹⑤，等等。这些都是人类的远祖出于安全（生存）的需要而创造出来的，其安全意义也都是史家和文化学者通过研究发现并告诉世人的。例如治水，《淮南子·本经训》："舜之时，龙门未开，吕梁未发，江淮通流，四海溟涬，民皆上丘陵，赴树木。舜乃使禹疏三江五湖，辟伊阙，导廛涧，平通沟陆，流注东海。鸿水漏，九州干，万民皆宁其性。"此为一证。《淮南子·修务训》："禹沐浴霪雨，栉扶风，决江疏河，凿龙门，辟伊阙，修彭蠡之防，乘四载，随山刊木，平治水土，定千八百国。"此为二证。《史记·河渠疏》："……于是禹以为河所从来者高，水湍悍，难以行平地，数为败，乃厮二渠，以引其河，北载之高地，过降水，至於大陆，播为九河，同为逆河，入於渤海。九川既流，九泽既洒，诸夏艾安，功施于三代。"此为三证。此三证中之"鸿水漏，九州干，万民皆宁其性""定千八百国""诸夏艾安，功施于三代"等文字，均是对治水给万民带来安全之功的评述。而《中国文化史》的作者柳诒徵⑥也曾引用上述三段文字来证明治水在中国文化发生发展中的重要性，只是没用安全一词来点破而已。其他学者也曾以类似的方式表达过对治水的看法，例如《大秦帝国》的作者孙皓晖⑦认为治水是中华民族的"原生文明"；《东方专制主义》的作者魏特夫⑧在书中说，中国文明的起源，在于大河流域在远古时代的大规模治水。

　　但是，治水也好，乐舞也好，烟花爆竹也好，它们作为各自所代表的文化的

---

① 参见白寿彝主编《中国通史纲要》第 33－34 页（上海人民出版社，1980 年 11 月第 1 版）。

② 参见白寿彝主编《中国通史纲要》第 47－52 页（上海人民出版社，1980 年 11 月第 1 版）。

③ 参见白寿彝主编《中国通史纲要》第 47－52 页（上海人民出版社，1980 年 11 月第 1 版）。

④ 参见白寿彝主编《中国通史纲要》第 47－52 页（上海人民出版社，1980 年 11 月第 1 版）。

⑤ 参见拙作《关于烟花爆竹产业安全的文化思考》（中国职业安全健康协会 2011 年学术年会论文集第 21－26 页，煤炭工业出版社，2011 年 10 月第 1 版）。

⑥ 柳诒徵（1880－1956），著名学者、历史学家、古典文学家、图书馆学家、书法家。中国近现代史学先驱，中国文化学的奠基人。

⑦ 孙皓晖，《大秦帝国》的作者，曾任西北大学法律系教授，首批获国务院特殊津贴。

⑧ 卡尔·奥古斯特·魏特夫（Karl August Wittfogel, 1896－1988），德裔美国历史学家，汉学家，出生于德国汉诺威。他提出的东方专制主义理论，引起很大争论和影响。

名称，却不能用各自的名称给自己一个"为什么而产生"的解释。比如能用"音乐、舞蹈"去解释音乐、舞蹈吗？能用"烟花爆竹"来解释公认的"烟花爆竹文化"吗？此以"烟花爆竹"为例，在远古，先民们靠群居壮胆、围篝火驱寒，他们在投向火堆的竹节不断发出的燃爆和随之喷发的耀眼光焰中，看到并记住了与人夺食，也以人为食的兽类因惧怕而退避，从而既保住了难得的食物又更加安乐地度过漫漫长夜的情景。从此，这意外的发现便被先民们不断地有意复制和改进，使之成为人工制品和人类社会经久不衰的打上安全烙印的文化样式。试想，如果不用安全去解释烟花爆竹文化的产生，无论什么意义都难以服人，至少没有寻到它产生的源头。这就是文化学再也不能遗忘的角落，也是文化学者可以有所发现、可以创新的前沿阵地。由此可见，对安全文化的深入研究，无疑是文化学可以拓展的全新领域，是值得涉足和开垦的文化处女地。

按逻辑讲，安全文化学本是安全学与文化学联姻后孕育的新学科，但仅存于安全学中，在文化学里无此学科。这便是安全文化学在基础理论上显得薄弱的重要原因。如果文化学者不能将安全作为文化来研究，或继续将安全排斥在文化学之外，如果安全文化研究没有文化学者的参与，不能从文化学的角度去揭示安全是元文化的本来面貌，安全文化建设还会在理论指导不充分的现状下盲目前行，这既是文化学的失落，也是安全文化的遗憾，更是安全文化学问津者少、成果不多、陷入片面的根源所在。

## 五

在安全文化建设方面，首先是企业的尝试和示范，然后向城乡社区拓展。尤其是21世纪官方全面介入，行政促进，特别是"安全社区"建设，使安全文化真正落地，体现了安全文化重在实践的主张。但由于近年来理论研究滞后于官方对建设实践的强力推动，加之人们对安全文化的理解一直存在分歧，在实践中出现了一些值得探讨的现象。

例如，为使企业安全文化建设可衡量、可测评，便制定量化指标，并将安全文化框定为"实现在国家法律和政府监管符合性要求之上的安全自我约束"①，其言外之意是，如果只符合国家法律和政府监管的要求，就不够安全文化的条件，

---

① 参见《企业安全文化建设导则》AQ/T 9004－2008。

使安全文化成为企业可望不可及的东西。此标准把符合国家法律排除在安全文化之外，将本处于安全文化空间结构中的安全制度文化从中抽掉。另外，即使暂未达到国家法律的要求，是否就可将其已有的安全文化一笔勾销，这也需要理论研究来做回答。常见一些企业在硬件设施方面与法律法规要求甚远，但工人知其危险，在作业中能做到"三不伤害"，很少发生事故。这难道不是安全文化。还有，在现行法制条件下，国家对企业有基本的安全条件的要求，不具备安全条件的企业不能从事生产经营活动。据此，有关方面应考虑在尊重个性突出的企业原生安全文化的前提下，将企业安全文化分为若干等级，即符合现行法律法规和强制性安全标准的，其安全文化可定为初级，既肯定其建设成果，又提醒还需继续努力；符合现行法律法规并采用推荐性安全标准的，可定为中级；在法律法规要求之上或之外通过制定高于国标和行标的企业安全标准，加强自我约束的，可定为高级，树为典范。

图为 1994 年 1 月 31 日《警钟长鸣报·安全文化》发刊词影印件，内容由本书作者撰写

再就是片面强调安全文化的共性，忽略其个性的存在，对原生于企业的安全文化不予承认，使安全文化建设千篇一律，使适合企业的安全文化被埋没，导致企业对建设安全文化丧失信心，甚至产生抵触情绪。同时，把安全文化表面化、形式化，将其视为一种装饰，一种氛围，误以为安全文化建设就是搞搞活动、作作演讲、出出板报、发发资料、刷刷标语、装装门面。这些都是理论研究没有跟上所出现的问题。例如某化工企业安全起点高、目标远大，注重本质安全建设，各项基础管理扎实，车间内外定置规范，作业现场秩序井然，通道及楼梯整洁无

碍，重要部位安全提示醒目美观，工人精神面貌令人称羡；但全厂看不到一条安全标语，没有一个安全宣传橱窗，甚至连"安全第一，预防为主"的字样都找不出来。一次，企业所在地某管安全的官员到该企业检查安全，在管理和技术方面称找不到什么毛病。可在与企业老总交换意见时，却说该企业安全文化存在问题，一点氛围都没有……这话一出，弄得在场所有的人感到纳闷。事后大家都针对啥才是安全文化相互求解而不得其解。但是，该企业老总很淡定地对大家说，我们追求的安全文化是内在的，除生产设备设施和安全设备设施都高标配置外，我们的每个员工对安全的要求都入脑入心，多数员工的安全行为都是自觉的，不仅在厂内，哪怕在厂外都具有"三不伤害"的能力，我们的做法是全力维持和巩固已经取得的安全成果，目标是不留死角地消除不安全因素，这就是我们所要的安全文化。

把安全文化窄化为保障安全的一项业务，与其他安全分工并列，使安全文化服从于安全监管工作，服务于安全生产。这是近年来安全文化建设的通行做法。正因为如此，才使安全文化成为安全活动的代名词。由于缺乏理论支持，一般认为，除了搞搞活动、做做宣传，例如"安全月、咨询日、万里行"等，似乎别无其他事情与安全文化沾边，而这些活动又都是应时应景的工作，所以安全文化就是一项工作，甚至是一个工具。但是，必须澄清的是，安全文化本身不是一项工作，更不是一个工具，而是包含各项与实现安全有关的事物和各项安全工作及其成果在内的文化类别，它是各项安全工作、各项安全成果、各项有关安全的事物的总和，并通过各项安全工作、各项安全成果、各项有关安全的事物表现出来。各项安全工作和各项有关安全的事物，都是安全文化的基本元素，分别处于安全文化空间结构的不同层次，各项安全工作的开展，都是安全文化建设的不可或缺的组成部分。衡量安全文化的建设效果，达到何等水平，是通过各项可以量化的工作成效去进行综合评判，而非编制一个难免片面的安全文化评价准则所能为之。须知，编制一个全面包含各项具体安全工作在内的安全文化评价准则不是没有可能，而是没有必要，因为各项具体的安全工作都各有标准，无须重复建设；更何况这还会给企业添负。

本书作者曾是《警钟长鸣报·安全文化》月刊创办的策划者和主编，一直独立从事安全文化理念传播和理论研究，撰写了大量的研究文字，现将始于1992年的几叠研究手稿整理汇编成册，分为"安全文化觅源""安全文化之流变""安全美学与文艺学""安全文化概念辨析""安全文化传播及理念倡导"五叠，其中大部分是公开发表过的。作为安全文化概念在中国宣传传播的亲历者、见证人，此举意图有三：首先是给读者一个关于安全文化概念在中国传播及理念形成的概貌描述，其次是勾画文化学意义上的安全文化的时空轮廓，最后是针对文稿中提到的、尚无答案和作者难答、答而失当的问题，讨教于读者诸君及各位道友学人，并寻求共识，以有用于实践。

2017 年 1 月

# 目　录

## 第三叠　安全美学与文艺学

## 第四叠　安全文化概念辨析

## 第五叠　安全文化传播及理念倡导

第一叠

安全文化觅源

# 悠悠哉！安全文化[①]

## ——写在 《安全文化》 问世之际

自从亚当和夏娃被耶和华逐出伊甸园后，人类历史便有了灾难的记录；也正是因为这样，人们由本能向自觉进化的消灾避害的行动便成为神话与传说中最辉煌的篇章、历史史册里最厚重的一页。在远古的遗存里，我们也不只一次地看到了先民们那种为自身、为本部落的生存而做出的艰苦努力，他们由本能的安全需要到自觉地实现这种需要，不知经历了多少个悠长的世纪。但是，他们所留下的诸多遗迹、遗物，那怕是一枚骨片、一堆灰烬，甚至一个石块，都证明了一种文化的存在，从它具有消灾避害的功能看，历史早已写就，那就是"安全文化"。

是的，"安全文化"是人类社会最古老的一种文化。从元谋、从山顶洞里的灰烬[②]到燧人氏的钻木取火熟食以防疾病，防野兽侵袭；从有巢氏的构木为巢以防群兽之害到鲧偷"息壤"以堵水患，再到禹开挖沟渠以疏导水流消除水害[③]及诺亚方舟拯救人类于洪灾之中，这些都无不闪耀着安全文化的光芒[④]。还有普罗米修斯盗火的故事，女娲、后羿、精卫鸟的传说等，都反映了古人对那些为人类造福的英雄们的崇拜与怀念；都江堰[⑤]作为人类的最伟大的具有划时代意义的防灾设施，其建造者李冰父子两千年来，一直被人们当成神来歌颂和朝拜，这说明安全自古以来在人们心中就有着至高无上的地位。渴望安全的生活、创造安全的环境、敬奉安全的使者早已成为全人类共同的美德，这美德，就是安全文化的一束折光。

---

[①] 原载《警钟长鸣报·安全文化》1994 年 1 月 31 日第 1·8 版。

[②] 参见白寿彝主编《中国通史纲要》第 26－34 页(上海人民出版社,1980年11月第1版)。

[③] 参见柳诒徵《中国文化史（上卷）》第55－60页(上海：东方出版中心1988年3月第1版)。

[④] 参见柳诒徵《中国文化史（上卷）》第 10－14 页(上海：东方出版中心1988年3月第1版)。

[⑤] 参见白寿彝主编《中国通史纲要》第95页(上海人民出版社,1980年11月第1版)。

这是本文刊在 1994 年 1 月 31 日《警钟长鸣报·安全文化》创刊号上的影印件

由此观之，人类战胜自身、征服自然、争取安全的斗争，无论是受到神的启示还是借助神的力量；也无论是自然之为还是自觉之为，人类对安全的渴求和争取安全所采取的行动，始终呈现着人力胜天的事实，这些都明明白白地在历史的书卷上烙上了深深的印记。即使到了今天，我们仍然在远古的消灾避害的经验中吸取养料，以治水为例，"宜疏不宜堵""深淘滩，低作堰"不是一直被作为一项信条在治水工程中运用吗？除此之外，谁能证明今天的水利建设其目的不包括消灾避害呢？

……

人类不可能重返伊甸园，安全问题还将继续纠缠着人类，这为安全文化的弘扬和发展提供了现实基础，作为祖先的子孙，我们不能愧对祖先；作为子孙的祖先，我们更不能有愧于子孙。

（1993 年 10 月初稿于成都青白江川化家中， 1994 年 1 月定稿于家中）

# 橄榄枝，人类永恒的图腾[①]

安全文化是人类社会最古老的一种文化。可以这么说，一切原始工具的出现都是生存活动的产物，都是为了生存，而生存的根本就是安全。因此，保障自身无危无损地生存的人类行为及这一行为所留下的所有痕迹，就是我们所说的安全文化。这一文化世代相袭，不断丰富和发展，到现在，它的许多内容，已经成为科学研究的对象，它的名称已经成为一门科学的学科名称。那么，这一亘古就有，今更辉煌的文化有没有自己的徽号呢？回答是肯定的，这就要从当年美索不达米亚平原的一场水灾说起，从第一根橄榄枝被鸽子嘬回诺亚方舟的故事说起——

美索不达米亚平原（两河流域平原）是人类文明的发祥地之一，可是一场水灾毁灭了远古时期我们所不知晓的先民，洪水退后，另一些先民重又迁徙到这里定居。这场区域性的浩劫已被考古发掘所证实，但在《圣经》里却被说成是上帝对人类惩罚，是世界的灾难。这一传说竟成为后世许多代人心灵上的回声。《圣经》是这样描写这个故事的，在很久以前，洪水淹没了整个大地，在长达一年的时间里，只有诺亚一家老小借助一只方舟漂浮在无边无垠的水面上，因而躲过了这场灾难，后来诺亚就成了人类新的始祖。当诺亚在他的方舟里漂浮了大约 350 天后，放出一只试探灾情的鸽子，傍晚时分，鸽子嘬着一根橄榄枝飞回来了。这使诺亚喜出望外，因为这意味着洪水已退[②]。从此绿色的橄榄枝作为这场灾难已过的可靠凭证，被人们当作吉祥物与和平的象征，千百年来，一直受到人们的珍视。直到今天，一看到橄榄枝，人们就会联想到和平与幸福；一提到和平与幸福，就会联想到安全与健康，因为安全与健康是和平幸福之本。可见，橄榄枝是超越时空的、人类共同的、永恒的图腾，难怪在我国劳动安全卫生徽标上有一根葱绿的橄榄枝。

---

① 原载《警钟长鸣报·安全文化》1994年2月28日第1·8版。
② 参见《旧约·创世纪》。

从诺亚方舟的漂浮到安全科学的建立，人类早已走出混沌鸿蒙，只有橄榄枝，一直留在《圣经》里，是关于创世的脍炙人口的美妙故事；一直存于安全文化里，是人类永恒的图腾。虽然灾难不绝，但是在它的旗帜下，人类由生存之本能的躲避到自觉地防治的全部历程，始终映照着对生存的维护，对自身存在价值的越来越充分的肯定。

（1993 年 10 月初稿于成都青白江川化家中， 1994 年 2 月定稿于家中）

# 燃烧吧！ 普罗米修斯之火①

回首人类的防灾躲灾、消灾抗灾的历史，除了治水而外，火的使用是不能不引起重视的大事，它是人类文明进步具有划时代意义的里程碑，更是安全文化源远流长的有力佐证；有关它的故事，不仅是安全文化美之所在，更是人类为祈求幸福，与天、与地、与神、与人争斗的永不湮灭的缩影。有它的相助，人类才迈着雄健的步伐走进了今天——

在今天，火，仍是生存活动必不可少的重要物质条件；除此之外，还有许多与火有联系的庆典礼仪活动。例如我国的彝、白、傈僳、纳西、拉祜等少数民族还保留了祭奠火神爷的习俗。他们每年夏历6月都要过火把节，男女老幼着盛装聚在一起，手举火把，或围着火堆弄舞唱歌，或穿行田间，挥舞火把驱虫除害。这一切，都是为了再现远古的遗风，唤起人们对久远历史的回忆，对祖先尤其是对为本民族的生存繁衍做出贡献的英雄们的怀念与歌颂。

全球性的奥运会也有一个非常重要的采集火种，点燃火炬的仪式。当人们借助现代通讯设施，在荧屏上看到火炬点燃，圣火熊熊的时候，全世界每一个角落里的不同肤色的人们都会在心中升起生命的希望，无一不深感置身于一团瑞气与祥云之中。这是为什么呢？

问题的提出使我们回到了题目上来，我们不妨从一个神话说起。

相传在很久以前，人们为纪念宙斯（众神与万民之君父），决定每4年在奥林匹亚圣城举行一次奥林匹克竞技会，以展示人类的力量与智慧，后来就发展成了世界规模的奥运会。奥运会的地址经常变换，为了表示奥运会与古代奥林匹克竞技会的联系，人们将一个在奥林匹亚城点燃的火炬送到奥运会会场，然后进行点燃圣火的仪式，这一仪式正好与纪念普罗米修斯盗取天火

---

① 原载《警钟长鸣报·安全文化》1994年3月28日第1·8版。

造福人类的火炬赛跑相一致，因此奥运圣火实际上应是普罗米修斯之火。

那么，为何要这样说呢？普罗米修斯因帮助人类而得罪宙斯的可歌可泣的故事可以回答这个问题。在那人神难分的时代里，人类在普罗米修斯的帮助下，巧妙地实现减少供神的祭品的愿望。宙斯不高兴，首先从人类取走了火，并指使一个名叫潘多拉的美女给人间带去灾难、病疫和祸害，企图置人类于死地。在这生死存亡的紧要关头，又是普罗米修斯从奥林波斯山盗取了火种，藏在芦苇管里重新带到了人间；与此同时，他还教会人类怎样保存火种以及建筑、航海、医药等知识，从而彻底粉碎了宙斯打算毁灭人类的残酷阴谋。宙斯灭绝人类不成，便加倍迁怒于普罗米修斯。从此，这位人类的保护神便惨遭厄运，被宙斯钉在高加索山的悬崖上，白天以矛穿其胸，使鹰啄其肝，晚上又让其长好，如此之折磨持续了几千年。尽管这样，人类却因为火而受益不浅，在普罗米修斯被缚的漫长的年代里，人类一天比一天健康强壮起来，而每成长一步，都与火有着密切的联系，都是普罗米修斯给的好处。普罗米修斯之火给人类以新生，普罗米修斯之火是人类的生命之火。因此，人们崇拜他、敬仰他，为了表达对他的崇敬，就有了后来的延续至今的火种采集与火炬迎送及点燃圣火仪式，其目的是纪念这位人类的保卫者。

这个神话故事说明，在遥远的古代，火与水不同，用了火，人类才成了自己的主宰，才得以生生不灭，繁衍延续；为了火，人类不知奋斗了多少年，付出不知多少代价与大自然或者与神抗争。在这漫长而艰难的生存斗争中，普罗米修斯、燧人氏就是最为突出的代表，他们不仅是人类自身智慧的写照，也是人神合一的明证。人类的进步，都需要"先觉者"的赴汤蹈火甚至杀身成仁。"先觉者"们，无一不受到后人的敬仰与崇拜。所以，卡尔·马克思对普罗米修斯的形象给予崇高的评价，说他是"哲学的日历中最高尚的圣者和殉道者"。

可以说，没有普罗米修斯的义举，人类就难以告别茹毛饮血的洪荒年代，就难以摆脱疾病和短寿，就难以抵御猛兽和寒冷的侵袭，黑夜将漫漫无期。这就是普罗米修斯之火所蕴含的作为文化范畴的安全意义，换言之，这就是安全作为一种文化现象在主观与客观两个世界里的体现。

从普罗米修斯盗火到后人为之举行的纪念活动，我们可以清楚地看到，古往今来，这是一种以人类安全健康为首要内容的价值取向、行为准则、道德规范、法律、宗教、艺术以及科学教育等的集中表现。正如别林斯基所说：普罗米修斯——"这是一种论断的力量，一种除了理性和正义以外不承认任何权威的精神"。

有了普罗米修斯之火，刀耕火种的山地农业得以形成，而这种山地农业又有效地躲避了水患；有了普罗米修斯之火，以解放生产力为目的社会革命运动才有号召力，才取得一次又一次的成功。

而今，我们的时代已经进入了把劳动"从一种负担变成一种快乐"的经济建设新时代，造福劳动者的圣火又添了新的内容，它就是安全科学的诞生；而广大劳动保护科学技术、管理工作者就是当代的盗火者——普罗米修斯，他们无愧于这个名字，无私地奉献于各自的岗位，他们的劳动正在受到越来越多的人的支持、理解和尊重。普罗米修斯之火一定会烧得更旺，人类的明天会更美好！

燃烧吧！普罗米修斯之火。

（1993 年 11 月初稿于青白江川化家中， 1994 年 3 月定稿于家中）

# 仓颉造字，"灾、祸"有别及其他<sup>①</sup>

人类在上古时代就有了透过现象看本质的认识能力和辩证思维能力。在古代壁画上，有把太阳画成光芒四射的圆盘的，也有把它画成一团火球的；两者虽然都是对太阳特征的形象描绘，却反映出古人对同一事物的不同程度的认识，前者揭示现象，后者揭示本质。我们今天仍在使用的汉字，是以"象形"为其本源的符号，"象形"有如绘画，来自对对象概括性极强的模拟写实。可见，文与字源于绘画，绘画是如此，文与字也不例外，这方面的突出代表当首推汉字。汉字是抽象的绘画，是符号化了的具体事物，汉字与绘画都是人们对客观世界的主观反映，都表明了对事物的某种认识和认识的程度。

就本文标题所及而言，"灾、祸有别"，乍看起来，"灾""祸"之别是显而易见的，殊不知在今人眼里，灾是灾，祸也是灾，灾祸不分已久矣。若仓颉有知，定会垂询今人，也讨个说法。仓颉者，创结也，结绳记事之始祖也。他不仅开了结绳记事之先河，还创造了辟展东方文明通途的辉煌不衰的汉字。汉文化圈里的每一个使用汉字的人都会对此深有同感，这里勿须赘言，作者仅就"灾""祸"二字谈谈看法。

先说说"灾"字。灾，又写作"災"，在篆文里，有写作"巛"的，是水道壅塞水流受阻泛滥成灾的象形，特指水灾；后加"火"在下，又表火灾，进而成为灾害的通称，仍音"巛"（zāi)，"巛"是灾、災等字的初文，本意指自然灾害。"灾""災"互为异体，均为后起字。

再说"祸"。祸是由"示"和"呙"组成的会意字，表示祭天祭神所用的牺牲和祭坛，此乃人之所为也。是故灾祸有别，源于仓颉。

大凡事故，不是灾就是祸。古有"天灾人祸"之说，实际上是用于区别

---

① 原载《警钟长鸣报·安全文化》1994年4月25日第1·8版。

事故的主客观原因的。古人云："凡火，人火曰火，天火曰灾。"（《左传·宣十六年》）"人火曰火"之"火"，在此有两层含义，一是指用火得当，造福人类之火；二是指用火不当危害人类之火，也即"祸"。这符合语源学的解释。语源规律告诉我们，有因果关系的一组事物，以同音呼之。话说到此，灾祸之别已非常清楚。仅从这点，足可知我们的祖先是很严谨的，他们对事物的认识是由表及里、由现象到本质、一丝不苟地穷究其缘由的。用辩证法来看，灾祸又是互为关联的，有灾就有祸，祸因灾起，灾为天降，祸在人为。而以祸消灾，古之礼仪者也。

在遥远的古代，人们对灾害——地震、火山爆发、洪水浩劫、森林大火等感到神秘。如不知道火是一种燃烧现象，是物质在发生化学反应。当这一现象出现时，以为是神灵在与人类作对，以为神灵在天上居住，于是就设祭坛，杀生祭神、祭天，祈求神灵保佑逢凶化吉并预卜吉凶等。原始的巫术礼仪活动由此开始，人类祈祷平安，消灾避害的主观愿望化作蒙昧的劳而无功的行动成为巫术礼仪活动的始源。这一活动在后世不管蒙上多么厚重的迷信尘垢，但它都是人类历史上经久不衰的隆重仪式，其根由在哪里呢？在它始终熔融着对安全与幸福的谋求。

"祸"字是一张关于这类原始卜巫活动的最珍贵的历史"照片"，它把早已掩埋在不可复现的遥远年代之中的巫术礼仪活动又呈现在人们面前。"祸"字画的是祭祀所用的祭坛和祭坛上的"牺牲"（直到今天，我们仍然把牺牲作为"死亡"的同义词，用于对那些为本民族、为全人类的崇高目的而献身的人的褒扬）。面对这一千古不毁的历史"遗照"，我们不难联想到祖先们为了安全而举行的神圣仪式和所付出的可贵牺牲。通过它，我们至少可以明白这样一个道理：原始宗教产生于卜巫活动，卜巫活动源于祈求平安，是一种原始的蒙昧的消灾礼仪。显然，人类文明的产生和发展，皆以追求自身平安无险为动力之源。它还可证明，安全文化的存在，其历史之久远是与人类文明的曙光同时升起的。

至此，似有离题太远之嫌，还是回到分清灾与祸的问题上来吧。大家可能也有这样一个感觉，当代人几乎把所有的人为之祸，特别是火祸说成是火灾，这有愧于我们的祖先，因为这不仅仅是一个词语的使用问题，这是对事故的主、客观原因的划分问题，也反映出当代的祝融们是否有强烈的责任感的问题。尽管灾与祸的结果都给社会、给人造成损失，但造成它们的原因却有着本质的不同。这里值得一提的是，我们一般称道路交通事故为车祸，"车祸"一词除了证明某一具体的事故发生是事实而外，还十分准确、恰如其分地反映了当前交通事故频发的原因在于人本身。由此可见，"灾""祸"二字的正确使用，不仅可给事故原因定性，还可帮助世人去认识生产安全和生活安全的规律，掌握实现它的方法，既可防灾、消灾，又可避祸除患。

$$\text{巛} \rightarrow \text{災} \rightarrow \text{灾}$$

$$\text{祸}$$

（1993 年 12 月初稿于成都青白江， 1994 年 4 月定稿于新都）

# 龙蛇崇拜中的安全寄托[①]

在中国，有一个最常见、最受敬畏的偶像，那就是人们最熟悉的龙。龙是影响最为深广的远古的图腾，它诞生于东方文明的发祥地之一，是华夏文化的重要标志。因此，华夏子孙，无论居住在地球上的哪一个地方，都以"龙的传人"自称，都以"龙的传人"而自豪。

龙在一般意义上，是吉祥与全能的象征，它不属于生物学的物种范畴，也不具备哲学意义上的物质性，但它是人们观念与幻想外化的产物；换言之，是意识的一种物态表现。从历史科学的角度看，它是先民们与大自然斗争和取得斗争胜利的图像记录，是一种概括性极强的关于人神合一的符号。对它的崇拜，形成了一种以龙为标志的文化体系，这种"龙文化"在人类文化的雄伟殿堂里，一直毫无愧色地端坐其中。它既代表了人类对大自然独有的征服能力，又表现出大自然对人类的横暴与肆虐。就是这样一个什么都不像，又什么都像的神物，有史以来，人们在它面前虽然诚惶诚恐，又不得不顶礼膜拜、由衷致敬。

先民们用自己的双手制造的这尊连生命都不存在的形象，在他们的心中又为何那么被视为至尊呢？神话学家蔡大成对此作了精辟的解释，"龙在文化含义中是一种生命的符号，象征着古人对生命的循环、死而复生的愿望"。从这点上我们不难看出，古人把生命，也就是把自身的活着看得多么重要，以至寄希望于长生不老或死而复生。这虽是一种混沌的生命观念，但它毕竟表现了一种对生存、活着的强烈要求。正是这种要求，才造出了龙的形象——蛇身、马头、鹿角、鸡爪等。因为在古人看来，蛇老了，脱一层皮就年轻了；鹿角每年都萌生鹿茸；鸡爪的鸡距表明鸡的老嫩；马的"牙口"可断其岁龄，等等。这些都是生命体的生命的信号，尤以蛇身为本，反映了古人祈求长寿

---

① 原载《警钟长鸣报·安全文化》1994年5月30日第1·8版。

的心愿。可见神话学家的解释非常接近安全文化。

人类在初始阶段，自然灾害、万物险恶层出不穷，尤其是从亚细亚东部这个地势很高的青藏高原上淌出的以黄色涂染的大河，给华夏先民的生存环境带来了千难万险；也正是因为有此万难千险，才造就了至今都还闪着光辉的民族精神，才强烈地刺激着一种文明的生长。因为要真正摆脱险恶，在那个极端荒蛮浑噩的状况下靠什么？靠群体的力量，靠部落间的联盟，汇成强大的人力与自然抗衡，方能征服自然。所以，闻一多先生曾在《伏羲考》中指出，作为中华民族象征的"龙"的形象，是蛇加上各种动物而形成的。这可能意味着以蛇图腾为主的远古氏族部落为战胜自然灾害和防御远方部落的侵扰而不断联合附近其他氏族部落，即蛇图腾不断合并其他图腾逐渐演变而为"龙"。

以上两种观点正好说明上古之人已认识到"活着是美丽的"，并有意识地开始了对保全生命的追求以及为实现这一追求采取了行动。概括地说就是，在那个以"龙"为图腾的时代以及这一时代在形成过程的漫长岁月里，先民们就已懂得了珍惜生命，并且找到了以汇聚人力来战胜灾祸、实现生命安全的方法。

中国的文明，在人类历史上是一种非常早熟的文明，这是举世公认的，而这种早熟现象，在历史学家看来，与恶劣的自然环境有关。改变环境，消灾避祸的强烈愿望刺激着一种积极的力量产生，幻化出无穷的与万物险恶斗争的创造力，于是文明产生了。简而言之，在险恶的自然环境与人类文化的发祥之间，存有一座极易被人忽略的壮美的金桥——安全。安全，作为人生的一种不可或缺的需求，在通往文明的路上，起到了动力的作用，在文明的曙光照亮人类之后，又作为文化的一部分，以消灾防害，避险躲祸为特征流传下来，它的符号就是"龙"。

尽管民间也流传着有关龙是兴风作浪的、不能得罪的、横暴的神异之物的说法，但这丝毫不影响它作为吉祥之物的伟名，因为它形象的凶暴与兴风作浪的习性并不是不可降伏的。人们的顶礼膜拜正是为了求它别发怒，求它与人为善。我国自古就以农业立国，气候与水情对农业生产至关重要。"龙，水物也"（《左传·昭二十九年》）。治水，也就是降龙，但这一人类的壮举，在当时多是以求它别发怒为托辞的。与之相关的，如历算、土地丈量等等都先于西方千余年被开创出来。这些都是早熟的文明，作为文化遗产，至今仍呈现着它永世不衰的辉煌：作为与龙有关的文明，它为人类最终征服自然奠定了基础。

关于龙与人的关系，值得一提和需要重视的是，继燧人氏钻木取火之后，女娲补天和伏羲画卦的故事也是与龙有关的珍贵的历史传说。女娲炼五色石以补苍天，说的是她为拯救人类改造自然的事；而伏羲用线段，圈点画卦作河洛，则是以记号的方式来表明事物的变易和变易的规律，也即寻求改变现实事物的途径来为人类消灾避祸，用今天的话说，就是用科学和理性改造大自然。这一史实有"太极八卦图"和"河图""洛书"为证。然而女娲氏、伏羲氏到底是什么？不是别的，他们是巨大的龙蛇，这在真正的远古人们的意识中是绝对真实的。有文献作证："燧人之世……生伏羲……人首蛇身"（《帝王世纪》）。"女娲氏……承庖羲制度……亦蛇身人首"（《帝王世纪》）。另据《竹书纪年》载，伏羲氏系统是由一大群龙蛇组成，除此之外，在《山海经》和其他文献中记载的好些神人如"共工""轩辕""盘古"等，或人首蛇身，或人首龙身。为什么这些在人类文明史上做出伟大贡献，产生巨大影响，为人类摆脱灾难的具有超常智慧的人物都是人首蛇身或龙身呢？作者以为，这正是人对生命的一种寄托，对自身智慧的可贵肯定，它告诉我们一个道理，不是蛇变成了人，而是人们幻想着把人的智慧与龙蛇的长寿合在一起，求得一种身心的完全和无危无损。因为古人不知道人的正常的老死是自然法则，把这也看成如同灾祸（包括人的夭折等）一样需要消除，于是就塑造了那么多的人首蛇身的人物形象。

当然，蛇与人类确实有着斩不断的缘份。当初也是在亚细亚，在其西部，在两河流域的伊甸园里，要不是蛇对亚当和夏娃说明了上帝为何不让他们吃辨别善恶之树上的果子，人类今天还不知是什么样子呢。

由此可见，在整个东方远古文明里，龙蛇占着相当重要的地位，以致成为东方文化尤其是华夏文化的代表。在倡导安全文化的今天，不溯源便罢，若要为作为人类文化重要组成部分的安全文化寻找本源，龙蛇文化本身，就是人类团结祈安、消灾避祸的产物。我们不能因这一产物在后世派生了更为广博的意义而看不到它的最为本质的内蕴。让我们在龙的旗帜下，为生命放歌，努力为龙蛇文化里所象征的蒙昧的生命意识添加科学的内容，使之成为科学的生命观，给当代"龙的传人"的文化寻根和对龙图腾的虔诚膜拜带来切实有用的好处。

（1994 年 2 月初稿于成都青白江， 1994 年 5 月定稿于新都）

# 河洛，游牧时代的安全规程①

　　在我国，有两张人们读了几千年都没读懂的图，即"河图"和"洛书"。当有人发表论文称"河图"为气象图，"洛书"为方位图时，千古之谜终于解开。河洛出现在我国母系社会后期，父系社会初期，那时人们以记号为记录手段表达意思，河洛正是这一手段统一后的产物，是记号时代的杰作。它反映了人类对大自然的认识和防灾能力在当时已达到了相当高的理性水平，它对当时的农业和游牧生产起到了巨大的指导作用，以游牧为生的先民可以凭这两张图所表明的意思，有目的地变换牧场而不再担心迷失方向；当然，它在使用中还具有远不止这些的重要意义。

　　人类的安全对策主要包括两种形式，一是条件反射，二是表现为概念、判断和推理的思维活动及其对象化。显然，条件反射式的安全行为并非人类独有，它不具有文化的属性，只有当安全成为人类的一种自觉的需要，人们的行为不再仅表现为条件反射，而是一种思维的对象化时，安全才成了文化。河洛的出现就是人类的安全行为成为文化的标志之一。可见，安全成为文化与人类告别动物是息息相关的，只有当安全成为文化，人类才真正脱离动物界。那么，人类摆脱动物界的初期阶段，称得起文化的安全行为还有没有别的形态？其形态又是什么样的呢？能不能找到这些形态，并证明它是人类所为呢？这也许是一个想起来浩渺悠远，找起来扑朔迷离，答起来难以服人的问题。但是无论怎么说，人类走出森林，甩掉屁股上的尾巴至今也有了大约300万年或者更长的历史，历尽人间沧桑，尝尽万苦千难，靠着造物主赐予的先天的生存能力和后天的不断实践与总结经验活下来了，这正好反映出人类对安全的身心需要和这种需要的实现。而这无疑又是走出森林后的人类行为，它具有文化特征。

---

① 原载《警钟长鸣报·安全文化》1994年6月27日第1·8版。

循此，我们不妨来想象一下书面符号出现以前的人类躲灾避险的情景。有学者认为，在史前相当漫长的那段时期，人类曾有一个"阴性功能"特别发达的阶段（相对于"阳性功能"，也即文字出现以后）。这一阶段，人类看似蒙昧，但与大自然的关系似乎比今天更为密切，因为当时人类的主观意志还处于启蒙状态，其外化还表现得不太突出，与客观世界几乎浑然一体，外部任何变化在人体内部的反映都比今天显得直接和强烈得多，因为人体是一个开放的与宇宙万物互相传递、交换信息的巨系统，当有灾险的预兆时，人们就会做出程度不同但内容一致的反映，事先做好躲避的准备，采取有效的防灾措施得以存活下来。如此发达的阴性功能在现代人身上早已明显地退化，取而代之的是从属于阳性功能的现代科学技术。尽管如此，人类还是在利用一些具有阴性功能的动物为人类防灾避险提供预警。例如地震与火山爆发以前，鸡不进笼、鼠不进洞、猫狗乱吠等，科学家通过对这些动物的观察来预测预报地震。这些事实，正好证明"人类在早期阶段曾靠阴性功能保全自身"的观点是有依据的。但人类毕竟不是动物，人们在那时，当感到有凶兆，会有意识地去呼唤自己的同类，或手势或声音，长此下去就慢慢形成了以部落、氏族为单位的约定俗成的符号。于是，语言产生，躲避灾险更加可靠，尤其能使更多的人能够在一个相对一致的行动中脱离危险。从此，人类生存能力得以增强，其一致性还使群居的人类由被动地对灾害的躲避向主动地对灾害的抵抗转化成为可能。

语言符号的产生为文字的产生丢下了第一块基石。口头语言尽管是人类健康成长的"太阳神"，但它的局限性制约了人类的进步，它还不具备作为一种工具的实体性。作为记录语言的工具，作为语言工具自身的有形载体，作为语言工具的又一种形式——文字，是在语言发展过程中被逼出来的。因为古人知道，自己说过的话，做过的事，希望别人和后人也这么做或者别这么做，总得寻找一种方式把它记下来，才能不失传。在语言和文字之间，图画和记号（包括结绳为治）起了中介作用，相对于文字而言，起了过渡作用。关于这点，当首推《周易》开篇的那两张图，也就是河图、洛书。那上面除了圈、点、线外，没有任何一个让现代人可以识读的文字说明。那么，它是什么？

河图、洛书，一直是一个谜。南宋哲学家朱熹曾经说过，"自伏羲以上皆无文字，只有图书（指河图、洛书）最宜玩味，可见作易本有精微之意"。这说明解河图、洛书对于解《周易》的重要性，但这又是没有文字之时的人类遗物。斯为何物？于人类有何用？实乃千古之谜也！

当内蒙古学者韩永贤于1988年首次发表以《无文字时代的两大发明——揭开河图、洛书千古之谜》为题的论文后，人们才感到犹如重见天日。原来，河图是我国处于远古游牧时代的气象图，洛书是一张方位图，也是罗盘的雏形。

据此，我们可以推知，在远古游牧时代，古牧民以放牧为生，这种生存方式，什么最重要？雨水和方位最重要。而要让牧人们了解降雨的分布、雨量及其四季的变化，包括季节变化后向何处迁移，哪里水草最充沛、最丰茂；再就是为了防止因不断变换牧场而迷失方向，就必须制一张大家都能明白的与气候变化相符的气象图和一张便于判断方向的方位图，以指导放牧、预测和适应四季枯荣、风霜雨雪的变化，抵御因盲目游牧可能导致的人畜伤害，为生存活着提供可遵循的规律性依据。别看那用圈圈、点点、线段组成的极其抽象的图案，它可是我们的祖先对大自然的规律性认识和指导农业、牧业生产安全的重要规则，它用圆圈表示太阳、干燥，用圆点表示雨水及降雨量。这是概括性极强的符号表示方法，这是至今仍与我国气候相吻合的史前人类的认识。

人类社会到此，理性的光芒已不再是曙辉初照了。可见，河洛所体现的安全追求为人类历史留下了一笔多么珍贵的文化遗产。

（1994年2月初稿于成都青白江川化宿舍， 1994年6月定稿于新都）

# 红色， 原始审美中的安全想象[①]

红色，作为自然界的一种与光照和人的视觉有关的最基本的颜色，何时何地被人类有意识地使用，考古学家和历史学家于本世纪[②]30年代在北京周口店龙骨山的顶部洞穴里找到了答案。这是距今一万八千年的远古的遗存，在其下室的墓地里，埋葬着一个青年妇女、一个中年妇女和一个老年男子。在这些死者的周围，撒着赤铁矿粉粒；除此之外，在发现的装饰品上，如小石珠、砾石、青鱼眼上骨等，都用赤铁矿染成了红色[③]。这些发现，都说明了什么？历史学家认为，这表明他们思维的进一步发展，有了一种对超现实存在的意识；美学家认为，这种原始的物态化活动，是人类社会意识形态和上层建筑的真正开始，它区别于工具制造和劳动过程，是一种包含着宗教、艺术、审美等等在内的原始巫术礼仪活动。也就是说，红色在当时对于原始人来说，已不再仅仅是能给人以感观上的刺激，而且注入了、储存了特定的观念意义。自然形式里渗入了社会内容，官能感受中沉积了对某种需要的想象与理解。

但是，无论是历史学家的说法还是美学家的说法，都隐约地告诉了我们一个道理，即宗教、审美乃至全部巫术礼仪活动，都必须首先产生在对原始人类生存繁衍有用的基础上。否则，它就失去了产生的可能，因为它不可能单独产生、独立存在。正如普列汉诺夫在论述"使用价值先于审美价值"时所说："那些为原始民族用来做装饰品的东西，最初被认为是有用的，或者是一种表明这装饰品的所有者拥有一些对于部落有益的品质的标记，而只是后来才显得是美丽的。"那么，本文所涉及的山顶洞人对红色的使用，是出于一种什么需要呢？

---

① 原载《警钟长鸣报·安全文化》1994年7月25日第1·8版。

② 指20世纪。

③ 参见白寿彝主编《中国通史纲要》第30－34页(上海人民出版社,1980年11月第1版)。

我们不妨先来看看今天是怎样使用红色的，透过它，也许能看见远古的遗风，并觅到它的本源。红色，是人们最熟悉，最喜使用的一种颜色，它代表吉祥喜庆、人丁兴旺、正义与进步，民间有不少用红包表达对吉祥平安的庆祝与追求的习俗。诸如：修房造屋上梁时要以红公鸡端立中梁之上；新娘在进夫家门前，有杀红公鸡以血涂地绕新娘一周的仪式；出丧时，灵柩盖上要立一红公鸡，办完丧事，丧家要给左邻右舍和帮忙者"挂红"（以红色丝线打结挂在人衣扣上）冲喜。在国家的礼仪活动中，也少不了使用红色，许多国家和地区在迎接国宾时要以红毯铺路以示盛情等等，不胜枚举。红包，几乎与所有的好事有关。究其原因，红色不仅是动物体（包括人在内）生命的象征，更是人类摆脱动物永久平安的保障，这源于人类对血液与火的认识，这要追溯到本文开头所提到的山顶洞人以前的原始社会时期。

人类社会步入山顶洞人阶段，火的使用已经有了几十万年的历史。当时，原始人已经会比较容易地人工取火了，生存能力极大增强，但对生命现象的认识还是朦胧的。他们把生命与红色联系得最紧密，因为红色可以带给他们生殖与生存的快乐，他们相信，红色，可以避邪免灾（今天迷信的人们也是相信的）；所以，他们以红色作装饰，以赤铁矿粉粒撒在尸体四周，以求吉祥平安。

装饰品的最初出现，实际上是人类力量和在一定程度上战胜自然的一种自炫，一种对自身平安的寄托与想象的物化形式，红色便是这种寄托与想象的代表。人类由生殖崇拜到生存崇拜，正好反映了人类由自然的种的繁衍向自觉的、种的保护进步。这一进步实际上就是母系社会被父系社会所取代，这种取代意味着生活质量的提高，生存能力的增强。换言之，就是人类更安全了。但不管怎么说，男人要确立自己的地位，除了必须拥有力量和技能外，还得学学做母亲。例如在少数偏僻的不发达地区，至今还保留着妇女生小孩，男人坐月子的远古遗风，这正是母系社会向父系社会过渡时期的回光返照。透过这个返照，我们看到了红色的光亮，因为生殖是与流血有关的，在流血中，生命得以延续。这一事实被原始人微弱的智能所注意，他们对事物的理解是最直观的，他们认定流血是好事，包括野兽的袭击使人流血致死，在他们看来也未必是坏事。因为原始人的自觉意识和潜意识是很难分开的，死去的人，醒着时看不见，睡觉时能看见，这种现象他们弄不清楚，所以，他们心中没有生与死的明显界限，就像学龄前儿童梦醒不分，梦中做了什么事，就认为确实做了什么事一样。这就是原始人把流血与生联系得最多，而把流血与死不当回事的缘故。至此，红色之于人类是吉祥平安的象征也就不言而喻了。

当然，原始人被野兽伤害，并不都是死亡，如果没有死，流血伴着痛觉也会使他们感到不适，这就对流血不一定是坏事提出了质疑。但由于原始人在学会用火的最初阶段，就体会到火不仅能熟食、御寒，还能防野兽侵害，而火也是红色的，由此他们进一步认识到，并相信，红色不仅与生殖有关，还与生存有关，而且是能否生存的重要条件之一。因此，红色在原始人的脑子里更深地打下了吉利的烙印，加之红色在视觉上具有鲜艳夺目的强烈刺激作用，于是，红色被原始人记为一种祥瑞、吉利的符号。这种符号的物质表现，就不仅仅只是血与火，而是自呈红色的各种自然之物，赤铁矿自然被原始人首先用上。

红色代表吉利祥瑞，前面已作了粗略的论述，关于为何表示喜庆，还得说上几句，循着我们对生殖崇拜和火的使用的追溯，我们已看到了母系社会的重要特征。母系社会在整个人类历史上跨度最大，几乎是原始社会的全部，从火的使用到保存火种，再到人工取火，这三大步都是在母系社会迈出的。无论是自然的生殖还是自觉的用火，每一件具体事实的发生，在原始人眼里，总有红色的出现，而这红色出现后，不是新的生命诞生，就是寒冷中获得温暖，或是免遭毒蛇猛兽伤害等。这些，都实实在在地给原始人带来了喜悦与安康。随着他们记忆和认识能力的增强，他们就把喜悦、安康与红色联想起来，这种联想对于现代人来说，是极容易的事，可是对于原始人来说，需要少则几十万年，多则上百万年的积累才能实现。当红色与喜悦安康联系起来之后，红色便成为安康喜悦的标志，每有庆典与礼仪活动，红色少不了要充满其间，大派用场。此沿袭到今，不仅无丝毫衰减，且内容更为丰富，其目的：以求大吉大利、祥云缭绕、福星高照、鸿运亨通。例如在生产安全领域，红色的使用与科学相结合，红色作为禁令色标，指导人们在科学的运用中将自己对安全的想象与追求变为现实，永远为人们的审美所接受。

（1994年4月初稿于成都青白江川化宿舍，1994年7月定稿于新都）

# 风水术， 遮掩在神秘文化中的安全真谛①

在我国的文化宝库中，神秘文化占有相当大的比重，而神秘文化又多与占卜、看风水等预测祸福盛衰之事有关。对祸福吉凶的重视体现了人类的本性，是人类对吉祥平安的追求，这一追求有始以来就与神秘文化相伴，甚至成了神秘文化的中心。因此，在寻找安全文化之源头时，不免要涉及一些为今人所不屑的神秘文化，望读者诸君见谅。

"风水术"作为神秘文化的代表被当成封建迷信加以讨伐是世人咸知的。当东南大学建筑系研究生何水昕在本世纪②80年代末提出"风水"之学乃古代环境工程学的新观点后，才对这一具有科学性的事物作了还原，让人们透过其扑朔迷离，拨开其荒诞的外壳，看到它科学的内核。"风水术"的核心内容是人们对修建阳宅阴宅的环境进行选择和处理的一种技术，主要包括建筑基础的选择以及房屋朝向、位置、高低、大小、出入口、道路、供水、排水等方面的安排，力求能选择在生理上和心理上都得到满足的地理位置。这与今天的城市规划、建筑布局、厂址选择等必须进行科学的环境评估没有本质上的区别。可是在当时由于缺乏现代科技知识，包括地质学、气象学、水文学、建筑学等，人们只能根据当时对环境的认识水平来处理和解释所遇到的种种问题，其理论依据自然就是阴阳五行，"气"和八卦；其操作工具当然就是罗盘和指南针等，其主要目的是通过选择满足人们的身心需要。由于这种需要与人们的避凶喜吉的心态吻合，就无疑具有安全的意义。但由于风水师、阴阳家们故弄玄虚，把本来科学的东西弄得神秘化了，于是，它的安全真谛就被神秘面纱遮掩，让人琢磨不透，荒诞莫测。

但无论在"风水术"上蒙上多么厚的迷信尘垢，我们还是从北京猿人和

---

① 原载《警钟长鸣报·安全文化》1994年8月29日第1·8版。

② 指20世纪。

山顶洞人的居住环境里依稀看到人类祖先对环境安全的一种自觉意识，这里面所昭示的主观的选择结果，显然表明后者比前者的选择更安全。因为居住在龙骨山的顶部洞穴里，至少可以防止水患和大型兽类的伤害。这也许可以视为"风水术"之可考源头吧。

这是本文刊在 1994 年 8 月 29 日《警钟长鸣报·安全文化》月刊上的影印件

难免有人会问，这与安全有什么关系？作者以为这恰恰是安全作为一种文化存在并且具有今天这样丰富的内涵的开始篇章。人们之所以容易忽略它，是因为我们往往把安全与劳动过程联系得多一些，对劳动成果的安全价值不很看重，殊不知劳动成果对人的作用最为直接，最被原始人看重。"风水术"的实施并非虚无之举，也是一种物化劳动，它渗透在人们的劳动成果（建筑物）里，为人们劳动之余提供可靠无害的生活环境，有利于劳动力的休息、恢复和再生产，这是劳动保护的重要方面。

劳动创造了人，这是无可非议的。据此，作者认为，人类的劳动和工具制造是为了自身的生存和繁衍，其中生存是基本的条件，而生存本身又与安全密不可分。人类处于史前原始社会时代，往往是为了生存而不得不疲于奔命。那时，劳动过程中没有安全的保障，安全的谋求主要体现在劳动成果上，例如采集植物块根野果、狩猎捕鱼等，其目的是用来饱腹，且是有一顿算一顿，没了就有饿死的危险。因此，劳动成果所蕴含的生存意义，亦即安全价值是最直接的。为达此目的，人们哪怕是拼命也要去获取食物，战天斗地、降龙伏虎，往往都是以生命为代价，谁最勇敢，谁获取最多，谁就是英雄；如果谁在与毒蛇猛兽搏斗中死去，谁就会成为人们心中的神灵，这就是导致原始的英雄崇拜产生的直接原因。在此阶段，劳动成果所体现的安全意义占主导地位，它的物质形态以食物为代表，今天的人们很难把它与安全挂钩，但它实实在在是当时人类赖以生存、活着的最基本的条件，这一基本条件在高度文明的当代也不可或缺。这可以从英雄崇拜里人们众口一致的咒语中听到和悟出其祈求平安的心声，当巫术礼仪在此基础上发展起来之后，这一保留至今又常被今人不屑的身心追求就得到了证实。

人类在长期的劳动实践中，由于不断地积累经验，生存能力不断提高，加之工具的制造延伸了人类的四肢，获取食物已不像过去那么困难，尤其是原始农业和养殖业的应运而生，使人类由居无定处走向构木为巢。这时的人类祖先已开始注意到劳动过程中的安全（这与今之劳动安全卫生是一致的），而劳动过程中安全的实现也需要用于劳动保护的那部分劳动成果去作保障。与之有关的劳动成果包括物质形态的（食物及住所、工具等）和观念形态的（占星、占梦等巫术礼仪活动）。也就是说，人们开始懂得劳动过程中也需要安全，是在生产力发展到获取食物已不是很困难，图腾崇拜、原始宗教、巫术礼仪出现以后，其主要方式便是预测吉凶、占卜问卦。这一阶段，人们对自己的行动（为获取食物的劳动）是否平安已表现出特别的关注，因为他们的劳动不仅是要获取食物，同是还要享用这些食物，更要避免让自身成为别的动物的食物。因此，制造什么样的工具才能更有效地保存自己并保证获取，选择什么样的宅基地才能避风躲雨防兽害洪患火灾等，这些问题摆在人类的祖先面前不能说不是尖端课题。也正是由于这些最为实际最直接的有关灾祥的问题长期袭扰人类、纠缠人类，才丰富了人类的大脑，锻炼了人类的能力，使人类在漫长的生存运动中健康地走出了昨天。

在人类的本性里，始终表现着力图预测吉凶祸福、掌握未来命运的特征。当老祖先用"风水术"对修建阴宅阳宅的地址进行选择时，除了有对建筑本身是否宜人的考虑而外，还把建筑物（劳动成果）的诸因素对未来是吉是凶联系起来，这些都是人类对自身及后代的安全的全方位考虑，反映出当时的思维方式的某些优点，说明华夏先民早已开始关心人与自然的关系。不幸的是，风水师、阴阳家们在实施"风水术"时又编造了许多谎言，以愚弄世人，导致一门古老的实用性很强的科学技术因蒙垢太厚而被今世冷落，成为封建糟粕无人敢问津。大凡远古文化都有如此命运。只有当人们发现现代科技原理中显现出这些曾被封存的东西的某种"遗传密码"或与之不谋而合的时候，人们才恍然大悟，不得不对远古文化肃然起敬。例如易理中的二进制，中医的人体经穴等。

除以上所及而外，在华夏远古文化中，几乎都笼罩着一团神秘的气氛，哪怕是正确的思维成果，也要挂上一幅难以撩开的面幔，惟恐人家掌握了要领，就像魔术师自欺欺人的把戏一样，这也许是后世闭关锁国、保守迂腐的思想渊源。例如长期被神秘化的具有预测学意义的占卜技术，从总体上看，它反映了原始人对天、地、人三者关系的一定程度的认识，他们认为星移斗转、自然变化、人世沧桑与灾祥几个方面相互间是有联系的。关于这个问题，钱学森教授用现代科学原理作了论述，认为人体是一个开放的巨系统，宇宙是一个超巨系统，宇宙间万事万物的任何变化都会影响到人。这就是为何原始人要把占卜、看风水用来作为探索事物间复杂的因果关系的原因。最近人类对距地球7.7亿公里以外的慧星木星相撞的密切观测，还是为了人类自身的防灾抗灾，这是现代人对远古人类之为的一种可贵的肯定。

现代人也许并不过分追求事物之间的因果关系，但对原始人来说，为了直接的生存，就不可麻木不仁。现代人在生存方面已不成大的问题，只要处理好人际关系，按部就班、循规蹈矩地行动，就可以安全稳妥地生活下去并度过一生，因而对自然与人的关系的关心相对就较少了。原始人则不然，他们尚未联合组成一个统一而有力的社会以保护自己及全体，尚处在分散、弱小又要直接面对大自然的严酷而恶劣的环境中，其自卫能力和获取能力尚十分有限，故在大自然的包围和压力下，就不得不随时关注自身与自然之间的关系以及相关的各种事物之间的因果关系，以确认某些事变的起因及预防或补救方法。正如法国著名人类学家列维·布留尔所说："任何奇异现象和以它为征兆的灾难之间，是靠一种不能进行逻辑分析的神秘联系连接起来的。"由此可见，原始人正是在这样的状况下不得不把占卜与看风水作为一种附加的知觉，来为自己的一举一动作判断和作选择，以减少损害，确保自身的生存。

（1994 年 5 月初稿于成都青白江川化宿舍， 1994 年 8 月定稿于新都）

# 伊甸园，不能重返①

　　我们在寻觅安全文化的源头时，对人类历史的最初形态及其在那样的形态里所遭遇的种种灾异、万物险恶以及人类为了生存不得不战天斗地、消灾避祸的不朽业绩作了挂一漏万的追溯。从中我们发现，这一切，都源于人类被上帝逐出了伊甸园。这一发现，使我们对伊甸园多了一份思恋，似乎觉得只有回到那里才能躲灾免难。尽管如此，我们又深知，人类不可能再返伊甸园，但我们总不免这样天真地想着：若是能回到伊甸园该有多好啊！人类会省去多少烦恼。这种想法也不能说不好，这表明人们的一种可贵的安全意识，一种对吉祥平安的心理追求；这又是几百万年来的文化积淀所致，谁也没有办法超脱或者超越。因为人类在离开伊甸园后，便一直与灾难做伴，尽管人类世世代代做出了不知多少艰苦卓绝的努力，还是难以摆脱凶险的困境。

　　人类在提高生存抗害能力，发展生产力方面，到目前为止已走过了采集与狩猎时代、农耕时代、工业时代三个阶段，而今又步入信息时代；完成了机械化、电气化，有了冶金、化工、核能、激光、宇宙飞船、人造卫星、生物遗传和基因工程；发明了电脑、机器人等。这些本是使自己生活得更美满的科技进步成果，却在应用中带来了违反人们意愿的灾害，诸如资源紧缺、环境污染、交通事故、化学中毒等，还有从未间断过的工业伤害。这些长期困扰人类、而今又纠缠得更紧的严峻的客观事实，就不能不使人产生消极的态度，生出回归伊甸园的想法。当然，也有人凭借自己掌握的科技知识，想到了营造"生物圈""宇宙村"或者把人移居到月球、火星上去。且别说这些想法的现实性如何，就按人类已经养成的这个德性和地外空间已经存在的污染，到外星又能怎样呢。姑妄言之，照样是不得安宁。看来，人类未来的生存与发展问题确实值得当世之人深思与探讨，下一步怎么走，必须脚踏实

---

① 原载《警钟长鸣报·安全文化》1994年9月26日第1·8版。

"地"、因"地"制宜地做出明智的选择。

选择什么呢？我们总不能去重演嫦娥的悲剧，像她那样为了长生不老、红颜永存，在偷食了丈夫后羿从西王母那里得来的不死之药后，奔到月宫里，结果变成了一只癞蛤蟆。重返伊甸园行吗？伊甸园可是地球上的"乐园"啊。回答仍然是否定的。因为那是不能回去的，就算真的有这个可能，也并非人们所想象的那么好。首先，我们得弄明白亚当和夏娃是为何被赶出来的，不就是吃了"辨别善恶之树"上的果子嘛。由此可想而知，在伊甸园里不知有多少罪恶祸患灾险，亚当和夏娃随时都在承受着厄运的折磨但却并不知晓，而这些灾祸的存在除了上帝就只有一颗树和一条蛇知道。因为在上帝看来，人是不能开启智慧的，尤其不能知道善与恶。人一旦知道自己在受苦就会奋起抵抗，为自身生存而斗争。这样一来，人不就也成了上帝了吗，因为上帝是仿照自己的形体造的人，只是给了躯壳，没给灵魂。所以聪明的上帝为了独霸伊甸园，维护其在园中的独霸地位，就必须把犯禁后眼睛逐渐明亮了的亚当和夏娃赶出去，还赐他们受耕耘之苦和分娩之苦，并将这苦说成是他们自作自受。

其实，伊甸园也并非地上人间的乐园，那里面的灾险与祸患同外面的世界是一样的无时无刻不在发生，那颗树上的"禁果"就是物证。从历史科学的角度来看，伊甸园不是一个空间概念，而是一个时间概念。伊甸园指的是人类处于早期混沌蒙昧的阶段，当时人的存在还与动物没有明显区别，仅仅是类的存在而已，人作为具有自觉意识的个体存在还没有形成，个体还在类的掩没之中。亚当和夏娃在那里面不是还不知道遮羞蔽体吗，那就更谈不上辨别善恶了。他们几乎与外部世界浑然一体，对外部世界给自身造成的危害处于一触即逝的感觉状态，就是被什么东西伤害致死，自己也不知痛惜，别的同伴也不知道死了谁，因为只要类还没有灭绝，就是长生不老（正如我们认为大熊猫是最古老的一种动物的活化石一样，其实，我们能看到的熊猫，没有一只是古代的），伊甸园的另一颗叫做"长生不老"的树就是这一原始状貌的写照。因此，重返伊甸园不只是一种幼稚的空想，而且还是万万不可走的路，难道我们真要回到蒙昧时代，灾难临头无感无知吗？嫦娥变成癞蛤蟆的故事所揭示的伟大哲理，是我们珍惜生命的有益指南，我们要以人的方式活着——有感有知，有情有爱，有个性有思想。

感谢上帝当初所下的驱逐令，也感谢人类的祖先忍辱负重。因为只有走出伊甸园，才是人类文明的开始，由此往后，便有了漫长的奋斗不息的生存斗争史。今天，我们幸运地拥有前人留下的许许多多非常有价值的文化遗产，其中不乏安全与防灾抗害的宝贵经验可承可继。我们要在科技进步的同时，对传统的安全文化取其真理的精华，全方位、多角度，任何人都不例外地去为自身及全人类的生存与发展尽力，让一切创举都不折不扣地造福于人，而不是走向反面——这就是我们的选择。

（1994 年 6 月初稿于成都青白江川化宿舍， 1994 年 9 月定稿于新都）

第 二 叠

安全文化之流变

# 安全文化源远流长[①]

所谓文化，简而言之，就是烙上了人类自觉之为的印迹的事物。人类活动中的安全问题，是伴着人类的诞生而产生的，它时时刻刻都存在于人类的全部活动中，因此，它既是人类文化宝库中最古老的部分，也是当代乃至未来文化发展的首要主题。

人类赖以生存的地球，在无边无际、无始无终的宇宙中，已存在了50亿年，在人类诞生之前的漫长岁月里，宇宙间、地球上本无所谓"安全"，亦无所谓"不安全"，只是有了人类以后，具有生存与发展意义的安全问题才成为天地间的一种特殊事物而客观地表现出来。在原始状况下，安全问题主要以人所能感受到的大自然的强大压力和在这种压力下人的乏能少力的情形出现的，而这又是人的意识的"产"物。因此，安全问题的存在离开了人类的意识，它就只是大自然的某种普通的运动形式，这正如在无人区里发生了山体滑坡、地裂崩陷等，它绝对没有安全的意义；同样的情况，倘若发生在山城都市，其安全意义就显露出来，因为它关系到有自觉意识的人群的生死存亡，但它本身仍然是地壳运动的正常现象。

正是因为大自然（包括人的自身自然）处于不停的运动状态下，其中不乏在人类的感觉中是有害的运动，这些有害的运动与人类低下的生产力和微弱的认识能力加在一起，就使人类产生了鬼魂的观念。于是，在与大自然的斗争中，就出现了诸如祖先崇拜、生殖器崇拜、图腾崇拜、英雄崇拜等等原始的信仰和巫术礼仪活动，其内容都与生产、生活、生殖等生存活动密切相关。这些在今天看来似乎荒诞的活动，是人类认识自然的开始，有些是科学与文明的萌芽，有些导向了迷信与宗教。但是不管怎么说，在那个鸿蒙初开的非常遥远的时代，人类的祖先对安全的追求和为之不懈的奋斗，为我们创

---

① 原载《警钟长鸣报·安全文化》1994年11月28日第1·8版。

造了值得继承和发扬的文化遗产，面对这些闪耀着人类智慧光芒的遗产，我们有时也不免汗颜。例如在民间长期承传的许多礼仪和至今在我们中间依然残存着的稍有变化的吉祥物崇拜、金银玉镯之类的首饰及纪念章、护身符佩戴等，这些东西在各民族的深层心理中，是那么的受到珍视，可见古之安全文化影响之深远。

安全文化的源起，除了表现在如上述原始的种种信仰、崇拜与精神寄托、巫术礼仪活动之中，更多更直接地表现在对自然的适应和改造中。例如原始人为了提高劳动效率和抵御猛兽侵害，制造了石器和木器，作为狩猎（生产和自卫）的工具；最值得一提的是，并存于巫术活动中的医术，是人类战胜疾病、求得健康的有力武器。因为人体也是自然，自然总是按其自身的运动规律自由运动，除了思想意识之外，人体的生老病死是最难抗拒的自然法则，它的发生，无论何时何地对于人都是最直接的灾难。人类在生存实践中领悟到，除了不可逆转的老死而外，疾病是可以认识和进行治疗调节的，这与大自然是可以适应和改造是相同的。甚至可以这样认为，自然灾害的发生，就是大自然的病变；而人体的病变，就是存于人体内部的自然灾害（其中也不排除外部自然的作用，正如当今人类的力量强大了，自然灾害的致因里也包含了人的作用一样）。因此本为一体的巫和医，由于各有侧重而分道扬镳，医把注意力缩小到人体自然，以消除人体的自然灾害为目的，故而就对行医者提出了比行巫者更高更严的要求，所以医是安全文化在创造、传播与不断地积累中最早成长为科学的部分，医术也是最早被打上安全文化烙印的科学技术。难怪古代很多贤达哲人都兼通医道，这亦充分说明文化与科学都是照顾人的。医之所以率先脱颖而出，正好表明了这层意思。例如我国著名药典《本草纲目》和比之更早的北宋孔仲平所著《谈苑》一书中，都有关于水银中毒、铅中毒症状的描述。这，一方面证明了前面论述的有理性，又反映了人类在走过狩猎、农耕，进入手工业时代之后，在安全健康方面的进步和对职业危害的一定程度的认识。

我们的祖先历来就非常重视安全技术的开发和应用。例如，在安全技术上，明代宋应星所著的《天工开物》——《燔石》章，就详细论述了竖井采煤防瓦斯和坍塌的安全措施，即在井下安装巨竹筒排放瓦斯，对巷道进行支护等。在安全管理上，"只许州官放火，不许百姓点灯"就是一个特例。但人们只知道这是一首讽刺封建官僚为所欲为的诗作，却不知诗中所讲的是古代某地因下达了鞭炮禁放令，引起了一些不理解的人的不满而吟出了这首诗。估计当时为了确保安全，规定燃放烟花、鞭炮、点灯笼等可能引起火灾的各种民间活动，只能由官方组织，统一进行，不准老百姓私下为之。因为古代城镇的建筑物，多是草房木屋。可见我国古代的安全管理也是很严格的。

18世纪后半叶，瓦特发明了蒸汽机，开创了人类社会的新纪元，工业社会的到来，把人类从繁重的手工作坊里解放出来，劳动生产率空前提高。但是劳动者在自己创造的机器面前致死、致伤、致残、致病的事故频频发生，没完没了，它吞噬着劳动者，否定着劳动，安全问题给刚刚启动的工业社会当头一棒。时至19世纪下半叶，人类才不能不正视现实，开始制定改善劳动条件的规章制度和颁布劳动安全法律，以适应大生产的需要并且照顾劳动者的利益。与此同时，德国、荷兰等国还建立了事故保险基金会和防止职业危害的科研机构。到20世纪初，英、美、法、日都先后设立了相应的科研机构。这些都极大地充实了人类安全文化的宝库，丰富了安全文化的内容，开辟了走进新世纪的康庄大道。

今天，人类正处于电子数字化时代，完成了机械化、电气化，有了冶金、化工、激光、宇宙飞船、航天飞机、人造卫星、生物工程、核能的安全利用；发明了光纤通讯、电脑和机器人等，在此基础上，又叩开了信息时代的大门。但是，不容乐观的是，人类的进步总是带有一定程度的局限和缺陷，正所谓效益越高、风险越大是也。君不见正是因为这些巨大的进步，才造成了诸如资源紧缺、环境污染、生态失衡、电脑病毒、信息失灵等世人闻所未闻的不安全隐患和新灾种。这些危害比工业社会初期的机械伤害更为可怕，它可能给人类以重创和一定范围的毁灭性打击。因此，人类对安全的需要除了仍保持其固有的强烈愿望而外，还对安全保障体系本身的质量和可靠性特别重视。人们在寻求更为保险的措施，认识到借助科学、教育、法制及社会各方面的力量是不可或缺的手段。自上世纪90年代以来，世界性的安全科学大会已召开了两次；"安全科学技术"① 在我国还被正式列入国家科研的一级学科；中国劳动保护科学技术学会还创办了学术性极强的《安全科学学报》；各种以传

---

① 参见《学科分类与代码》（GB/T13745－1992）。

播安全文化知识为目的的普及性安全报刊不胜枚举；各国安全立法也在不断完善；我国已经出台一系列劳动安全卫生法规及国标行标，劳动部起草的《安全生产法（草案）》也在讨论和征求意见中……一个从未有过的全球性的安全文化场正在形成。由此可见，安全文化源远流长，且今非昔比，更加辉煌。在这方面卓有成效的当首推核能的安全利用。

在核工业领域，也即核电厂的安全管理，实为全人类安全生产和生活的榜样，它是安全文化在当今的成功应用的一个范例，其广泛的适用价值可为21世纪带来保障，其历史意义实乃至深至远矣。

（1994年8月初稿于太原漪汾桥西，1994年11月定稿于成都家中）

# 鬼信仰，源于安全需要的误导①

鬼文化产生于人类对大自然及自身自然的错误认识，自然灾害的发生与认识上的错误相结合，就满足了鬼信仰形成的主观和客观条件，从鬼信仰的心理动机及功利目的来看，它属于安全文化的一部分。

这种为了克服异己力量又基于错误认识的文化，在其发展变化过程中成为与科学背道而驰的迷信活动，是人类文化应当弃之的糟粕部分，它的合理成分就是沿袭了古人的平安祈求和强化了人们的安全意识。

人类虽然幸运地告别了动物，但人类从来没有告别自然，300万年甚至更长的人类历史，实际上就是一部内容丰富的关于人的自然史。人在大自然当中，迄今为止始终仅仅是一个普通成员，而大自然从来都是按其自身的规律"为所欲为"，或福佑众生，或加害于人。但毕竟不是动物的人类在大自然面前，由诚惶诚恐地任其摆布到逐步认识，再到因势利导地主动驾驭，终使人类以主体的地位存在于自然界中，构成了今天人与自然的渐趋和谐的关系。

但是，翻开人类历史的第一页，我们不难看到，刚刚不再是动物的人，却由幸运又走向了不幸，他们凭着微弱的认识能力和简单的思维能力，首先就面临着和感觉到大自然的强大压力（倘若还处于动物阶段，此之心理负担为无）。这种压力以风雨雷电、鸟兽鱼虫、山崩地裂、水火瘟疫、食物匮乏等形式出现，给人类生存造成种种危害，如灾异、病疾、死亡、毁灭等祸患。这一切，对于原始人来说，都是非常恐惧且无法回答更无法战胜的客观现象，而这些现象又常常成为原始人梦境和幻觉的内容，其荒诞离奇与原始人的梦醒未分，就使他们认为有一种超自然的力量存在并左右着自己。原始人感到这种超自然的力量可游离于人的肉体和人能够触及到的事物实体之外。例如死去的人和发生过了的灾害在梦幻中的再现等，这就有了灵魂的观念。原始

---

① 原载《警钟长鸣报·安全文化》1994年10月31日第1·8版。

人相信，有形的东西死亡或消失后，从属于它的无形的东西依然存在，那就是鬼魂。于是乎，人有人鬼，物有物鬼，几乎自然界的一切都可成为鬼，鬼的世界主宰着人的世界。原始人对此深信不疑，敬畏至极，从此就同鬼建立了密不可分的关系，并生活在自己创造的鬼魂肆虐的世界里。因为鬼魂的肆虐为害，形成了原始人对鬼魂的基本态度——祈福与避祸，这也是人类在生产力极其低下，思维极其简单的原始状况下的正常的安全意识，它构成了鬼信仰的核心内容，从那时起，这种信仰就再也没有离开过人类，至今还有许多遗俗古风难以消除。

在鬼信仰当中，人们想出了许多办法来祈福避祸，例如敬鬼、祭鬼、驱鬼、吓鬼、镇鬼等等，不胜枚举。这就形成了后来的巫术和医术，前者导向迷信与宗教，后者导向文明与科学。此就是体现在鬼信仰当中的安全文化之流与变的表现形式之一。我们要妥当地看待鬼信仰，对那些虔诚的人们不能武断地鞭之以封建迷信，而要从中发现其祈求平安的合理成分，肯定他们可贵的珍惜生命、善待人生的态度，导引他们挣脱迷信的羁绊，走出愚昧，懂得祸福安危取决于自己是否相信科学和运用科技。对那些故弄玄虚以装神扮鬼骗取钱财的文盲与半文盲，也即对鬼神成因一知半解的神汉巫婆们要涤之务尽。这样，人类安全文化之精华便可得到有益的弘扬，使许多人的安全意识不再只是囿于精神世界里在那作与事无补的徘徊游荡，让其在科技的帮助下成为消灾避害保安全的物质力量。

体现在鬼信仰中的安全文化与鬼信仰本身，都是具有很明显的功利目的的文化现象，但因鬼信仰的对象是虚幻的，所以其功利目的是不可能达到的。这一点，要奉劝那些执迷不悟的人们注意。近些年来，在不少文明发达的大中城市，鬼信仰又悄然兴起，党和政府花了那么大的力气破除了的东西又沉渣泛起，污染了我们的生活，这几乎在现实中成为一种时尚。例如许多店铺、金融商厦供奉财神、立石狮为门神等。如果这些举动仅仅是为了美化市容还无可厚非，倘使真含有店主的理想寄托的意义的话，那就实为思想与认识的返祖。还有纹身现象的死灰复燃表现了藏身避鬼，燃放鞭炮的习俗实为原始的以爆竹吓鬼，门楣上挂镜子是为了照鬼使其原形毕露，汽车驾驶室里挂伟人像是请神镇鬼，给小孩带银镯玉环及成人项链上的桃符、十字架、菩萨等，均是古人避鬼的灵物和护身符。农历鸡年（癸酉，1993 年）几乎遍及全国城市乡村的在门上贴大红公鸡年画的现象，亦是出于敬鬼或是镇鬼的需要。在一些正规的出版物上，也常看到诸如"某年某月某日，宜起屋"，或是"某年某月某日，忌拆迁"等字句。至于那些在地摊上出售的"皇历""民俗通书""命相学"等等，这些内容就更多了，它影响着不少人的日常起居、婚丧嫁娶、择地搬家以及房屋建造、装饰刷新等。但若把迷信的部分去掉，其实这都是人们可贵的安全意识在起作用，是从祖宗那儿承继过来的朴素的预防文化。君不知这些都是原始的鬼信仰的回光返照，可见鬼信仰作为文化在人们内心深处的积淀是多么难以铲除，最为令人担忧的是，有的人真的以为这样做了就可逢凶化吉。

对此，我们不能不感到遗憾，这些本无过错的祈安避危的心理追求，表现在行动上却与文明的时代很不协调。有人说，今天的事故多，是因为人们缺乏安全意识，其实不然，可以说人们的安全意识是非常强烈的，只是有相当一部分人把自己的安全寄托在鬼魂的保佑上，因而对实现安全无济于事。作者就曾在一个车祸现场看见被撞变形的汽车驾驶室里有一幅挂着的"领袖像"在死去的驾驶员额前摇摇晃晃。

（1994 年 8 月初稿于成都青白江寒舍， 1994 年 10 月定稿于报社）

# 民俗民风中的安全意识[1]

　　无论对哪种文化进行讨论，少不了要去揭示这种文化现象的来龙去脉、沿革损益、派生意义或潜在意义，但此皆不是目的，且不免有空发议论之嫌。因为世人更关心的是对这种文化的现实建设，特别是怎样才能使已成为市井乡里日常生活的风俗习惯的这种文化现象得到科学的匡正和引导，回到真正有利于人的精神与物质生活的轨道上来。倘如此，关于这种文化的讨论才算达到了目的。

　　作者曾经在一篇关于"鬼文化"的小文里说过，从鬼信仰的功利目的来看，它属于安全文化的一部分，它是人们的认识能力处于尚不发达的时候的一种主要的祈福求安的精神生活方式，它的影响力至今还在社会生活中起着消极的作用。我们可以从迷信的客观存在及迷信者的盲目与不知其所以然的现象里证实这一点。例如许多小商贾在店铺里设祭坛置祭品供奉财神，却不知供的是武财神还是文财神，更不知这些被"请"来的财神有何功德，是历史上的何许人也。此实乃荒唐可笑之至矣。可以想象，这与破费供奉者的安危祸福、衣禄财禧有多大补益。羁于深层文化心理及民俗承传的束缚，尽管明白这是非科学的存在，作者也不好对此评说太多。但这种出于身心安全需要的信仰，特别是献祭送鬼之术的世俗化，却不能不引起我们的高度警惕，昔日那种讨好鬼魂的以贡品献鬼求其将灾难带走的作法演变为贿赂、"红包"和一度妖风四起的"神秘链"现象，给现实生活蒙上了阴云，许多人饱受其害，还以折财免灾自慰，悲乎哉！这本来是源于原始的精神寄托的现象，在世俗化之后，又回到了现代人聊以自慰的精神世界里去了，它麻醉着、侵蚀着人们的灵魂。

　　例如有人撰文剖析医患关系中的"红包"现象，运用马斯洛的层次心理

---

　　① 原载《警钟长鸣报·安全文化》1994年12月26日第1·8版。

学原理揭示出这一现象的心理隐秘——"送钱买安全"。患者及家属从检查、手术等治疗过程中的安全出发，给医生送"红包"，从而在心理上满足其安全需要。这虽是无可厚非之事，但从按规定标准正常缴费以外，设法给医生个人作份外表示以增强其安全感中，透视出一种蒙昧的不健康的心态，它是安全需求被导入误区的鬼信仰的世俗表现，它使世风败坏、道德沦丧。

类似的问题还表现在五花八门的诈骗术等方面。例如前几年出现了利用人们的恐祸怕灾的正常心理和在灾害面前很大程度上是非科学的避害行为，通过信函制造所谓"神秘链"，来掩盖其诈骗钱财的实质，不少人阅读信函后恐慌害怕、惶惑不安地按要求或复印或手抄且越多越好，连带钞票一起将那些写有若不抄寄亲友就会厄运降临、大难独受，或疾病缠身或断子绝孙或缺膊少腿等恐吓之词装在信封里寄出去传播开，一时间，一股神秘的妖风扰乱了相当一部分人的正常生活……

这些非科学的现象为什么能在科学的时代掀起大波，难道说这不是人们强烈的安全意识在起作用？这是迷信与科学的抗衡，人们的安全意识不能任凭迷信充满。因为，安全意识一旦不以科学认识为基础，这种安全意识越强烈，给群体的人和个体的人带来的危害就越严重，无论是财力、物力，还是人的体力及脑力的损失都是令人惊异的。例如中央电视台《焦点访谈》披露的发生在江南某省的建造鬼城、开辟坟场的事件，客观上给社会造成了巨大的损失。但从人们愿意如此破费做这种与事无补的事中，可以看出人们对自身价值的排序是以安全为第一需要的，这种可贵的安全价值观，倘若得到科学的武装，人类的生产、生活及整个生存活动就会在一个和谐的氛围中进行。

所以，我们在进行安全文化建设的时候，一定要有这样的认识，安全问题渗透在社会生活的各个层面，分布于人类活动的全部空间，体现在生存环境的各个领域，因此，以克服安全问题、创造和谐的生活空间为行为目的的社会物质及精神活动也表现在各个方面。只有这样，我们才不至于耽于狭隘，才不至于把本该属于安全文化范畴的社会现象弃之不管。

（1994年8月初稿于成都青白江寒舍，1994年12月定稿于成都青白江寒舍）

# 由一张贺卡所想到的[①]

阳历年刚过，台湾的安全同道寄来一份大红色的新春贺卡，贺卡上除了"祝福你新春愉快，心想事成"等祝语外，最引人入胜的是，在这张小小的贺卡上，竟有十几条安全告诫。如"新年要有新计划，住行安全有保障""不怕一万，只怕万一，掌握幸福不能靠运气""防灾设备化、救灾科技化，永保家庭平安"等朗朗上口的妙语。笔者得此爱不释手，兴趣甚浓地玩味良久，出于职业的敏感，颇觉海峡那边的炎黄子孙对安全的关注有一种特别的方式，并着重用科技去导引人们的安全意识。窃以为，在那个宝岛上，民间一定形成了浓浓的既具传统特色，又具有现代气息的安全文化氛围，这比说千遍万遍甚至万万遍"祝你幸福""愿你平安"要有益得多。

由此，笔者想到了在我们的日常交往中，尤其在我们的通信往来里，早已成为固定格式的书信结尾总有诸如以上述及的祝语。也正是因为它被格式化了（教科书里对书信的写法有明确的格式要求），在实际运用中很大程度上也仅仅是为了满足格式的要求而已，其中到底有使用者多少真诚的心愿，即使是真诚的祝愿，又含有多少于事有补的成分。当然，作为人类文明的表现，作为一种源远流长的礼仪形式，在现实生活中也确实是不能有半点或缺的。但是今天的使用与其历史渊源相比或许相去甚远。倘若它的被使用，其书面意义与使用者的理想、愿望完全一致，而不仅仅是一种客套的话，那么安全就不只是对对方的良好祝愿，亦将成为自己的身体力行。

下面，我们不妨了解一下"祝语"的成因。"祝语"形成于原始的巫术礼仪活动，它首先是巫术，然后才成为礼仪。我们知道，语言巫术是巫术的重要组成部分，它包括语言、文字和图画，一般使用中多以吉利的词语为表现形式，用于书信是这种形式的演变之一种，并逐渐成为礼仪用语。人类在原

---

① 原载《警钟长鸣报·安全文化》1995年1月30日第1·8版。

始状况下，生产力极其微弱，对自然界的认识正确性不强，但生存温饱、祛祸除灾是必须谋求的。为此，就不得不向想象中的魂灵祈祷，求得保佑，这就需要叨念吉利的言语，于是"祝语"就成了当时生活离不开的祈安避祸的工具。随着自然奥秘的逐渐揭开，这种向魂灵祈祷的方式被科学取而代之，但"祝"作为一种礼仪被保留下来，主要用于对人的美好祝愿，这在今世的迎来送往及书信里是用得最为屡见不鲜的。它说明人们使用祝语的真实目的是以祈求平安为核心的，不管当时的举动何等的荒唐，我们都应该肯定古人的诚心与纯朴，坚定与坚信。令人生悲的是到了现在，这好像仅仅是一种交际时的装饰用语。可以说它的真实意义已经失落，假若我们能够找回这些失落的又是我们最需要的东西，从而借助科技的力量，不难料想，那真会少点灾祸；我们的社会，我们的芸芸众生真会如祝语所言"安好""全安""健康""愉快""春安""暑安""秋安""冬安""学安""著安""俪安"。如此这般，一个美好的、给人幸福的生活就会真实地展现在我们面前，命运自然就会在我们的掌握之中。

走笔至此，作者情不自禁地忆起克拉玛依友谊馆的大火难。325 人死于非命，他们在被火焚之前，也有人给了他们非常好的"祝愿"，他们的领导曾在当地搞的"安全教育月（1994 年 11 月）"中令人震撼地说过："领导不重视安全就是杀人。"可见，他们是冤死于这些空谈无用的"祝咒"之中的。若是他们的领导真的不仅仅是只说漂亮话，而是把对安全所作的承诺变成实际行动，那么近 300 名少年儿童就不会夭折于"12·8"那场大火。类似的情况还可以举出很多例子，不少在安全方面担有责任的人在工作当中只满足于口头说说，以便日后真的出了事有一个为自己开脱的理由。这好比香烟盒上总印有"吸烟有害健康"六个字一样，对吸烟有何意义，为什么不研制和开发无毒香烟等等。这又回到了安全文化的现实建设上来。我们寻找安全文化的根，是想把现实中远离安全又本源于安全的事物与这根联系起来，如让祝语真正具有安全意义；我们描述安全文化的流，是想证明人类历史的发展是从未中断过的，并借助安全作保障，正如人类几百万的生存事实；我们指出安全文化的演变，是想告诉人们，随着人类对自然和生命现象的认识的不断加深，对安全的谋求无论是精神的还是物质的，其保障都会越来越有效，如科学对安全的关照及安全成为科学技术的重要组成部分这一现实。

一张贺卡引出这么多似乎不伦不类的想法，笔者也有难以收拾之感。但基于一种朴素的认识，觉得我们应该实际些，再实际些。搞经济建设是讲实际，但不能白搞，我们毁于事故的建设成果其数量不能低估，更不要说人员伤亡的代价，须知对安全的任何忽视都会置经济发展于五里云中，无论你有多么美好顺耳悦目的祝语都无济于事。难能可贵的是，台胞的贺卡所体现的科学精神，正是我们民族传统安全文化归真返璞，也是对这一文化的有益弘扬。

（1994 年 10 月初稿于成都青白江，1995 年 1 月定稿于报社）

## 劳动与安全·人与文化①

在深入进行安全文化探讨的时候，不少人指出构成"安全文化"这个概念的词组究竟是联合式的还是偏正式的，亦即安全文化是"安全"与"文化"两个词语意义的简单相加，还是"安全"本身就是一种文化，这里面透视出对安全文化的两种不同认识，认识的不同必然产生不同的观点。显然，这两种观点可以归纳为"关系说"和"本体说"。

"关系说"认为讨论安全文化是赶当前"文化热"的时髦，于安全的实现无补；"本体说"认为安全事物本身就是一种文化，它一直以文化的存在方式存在着并照顾人类。对安全这一深层内涵的揭示，可以使人文科学带给人类更多更直接有益的实惠，以弥补自然科学的不足。作者是"本体说"的提出者和坚持者，认为有必要对安全文化之始源再作探寻，以便正确认识它的发展与演化。

历史唯物主义认为，"劳动创造了人"，但劳动又是人的劳动，如果劳动不安全，就创造不了人。实际情况应该是：安全的劳动创造了人。

难道不是吗？假如你有机会参观任何一处旧石器时代的人类活动遗址，一定会联想到猿人在打制用于御敌和生产的石质工具时，可能因飞溅的石粒伤害眼睛或别的器官这一情景。想到这些，你就会顿悟：当人类一出现在地球上，就有了安全和劳动保护问题。自然，你还会进一步想到，劳动和安全是分不开的。因此，仅仅将安全说成是一种文化，或者说安全事物就是这种文化本身也都显得太苍白了。准确地说，安全是一种元文化。何谓元文化？即人类最初脱离动物状态时首批创造的文化。它是与人共生的，是与人类创造自身一起创造的文化。② 作为这样一种人类现象，作为历史最为久远，涉及

---

① 原载《警钟长鸣报·安全文化》1995年2月27日第1·8版。
② 参见宋永培、端木黎明编著《中国文化语言学辞典》第26页（成都：四川人民出版社，1993年10月第1版）。

最为广泛，影响最为深入的人类文化之一种，安全与人的世界，人的生存、发展紧密相连。因此，安全决不是独立于人类社会之外的抽象的事物，也不是发自生物体本能的条件反射，而是社会的人的一部分，是人类文化系统的构成元素。因为自然界的客观存在性决定了它无所谓安全，也无所谓不安全。例如山体滑坡、地陷土崩、暴雨洪水等，纯系自然现象，能说它不安全吗？只是由于有了人，有了人的世界和人与自然的联系，才出现了安全问题。所以，安全是一种社会现象，也是个体的人的生命诸能的需求。由此可见，任何非人的安全都是不存在的。例如人体的大动脉都沿着上下肢的内侧和骨骼之间经过，你能说这是人的防身措施吗？这是把生物的人与社会的人区分开来说明这个问题的；这更进一步地证明了安全的文化属性与安全就是这种文化本身的判断是正确的。安全的文化属性也可称为"安全的人文性"，明白了这一点，就为现在及未来社会科学对安全的切入找到了结合面。

事实上，人类行为的方方面面以及这方方面面所体现的不同门类的文明，包括哲学、政治、经济、军事、科学、法律、道德、伦理、风俗、习惯、文教、艺术、社会的价值取向、人的心理、思维及行为方式等等，这些无论是器物的，还是制度的、行为的、观念的，起初都同安全是浑然一体的，只是后来才出现了分化，产生了专门的安全事物，如水利设施及名目繁多的法规制度、操作规程等，但今天仍存在着相互渗透的联系，并又趋向新的综合。这就是当前研究安全文化时为什么会出现"关系说"和"本体说"的原因。人类社会发展至今，经历了几百万年的巨大变迁，文化的门类虽越来越多，但走向综合势必出现新的浑然一体又令人不得不面对现实："文化科学"的应运而生已向我们展示了这一前景，它以综合研究人文科学和自然科学，综合研究人类生存环境、生活状态、思维方式和行为方式为内容，目的在于建设人类社会的新文化。恰逢此时，一个面向 21 世纪的以人类安全健康、舒适高效的生产和生活为宗旨的安全文化建设正悄然兴起，不难料想，人类的生活将会更有保障。

（1994 年 10 月初稿于成都青白江， 1995 年 2 月定稿于成都青白江）

# 物像避邪术的嬗变与尝试①

近年来，也许是因为全国每天有 160 余人丧身于车轮下的缘故，许多司机都信奉以伟人肖像来护佑平安，无论大车小车，在驾驶室的正上方的挡风玻璃后，一般都悬挂着已故伟人的五寸画像。自古以来，人类就有对亡灵的崇拜习俗，而中国人似乎又更善于此道，尤其是对逝去的伟人和品德高尚的先贤大哲，决不会轻慢。然而，尽管如此，交通事故并没有因此而减少。可见，这种纯粹的精神寄托和依靠非物质的神灵保佑，仅仅是民间风习中传承不衰的物像避邪术的现实沿用，表达良好的愿望尚可，但断不能解决实际问题，也不科学。

可是，有一件与之相关的事，已在笔者脑海里萦绕了很久，今又想起，大有茅塞顿开之感觉。记不清是去年秋季在蓉城的哪一天，因有急事，从未开过"洋荤"的我突然想到了"打的"。这时，正好有一辆红色的"的士"顺道开了过来，我便急切地打了招呼，车停稳后，司机主动开了车门，刚入座，方知司机是位容貌端庄的少妇，一种男性的直觉使我颇感快适，急切的心情也安定了许多。待车起步后，便以缓缓而客气的语气告诉司机去向，然后开始打量车内环境，当看见座位前方印有公安局规定的"前排限坐妇女、儿童、老弱病残"字样时，便请司机停车，司机道："你不是去大慈寺②吗？怎么现在就下车？""我不是要下车，我应该坐到后面去。"我说。"为什么？""因为这座只允许老残妇幼坐。"这时司机才恍然大悟："哎，那是防坏人的，坐吧坐吧，别耽误时间。"

我终于如解倒悬，恢复了先前的快适与安然，进而有了与少妇闲聊的话题。诸如你凭什么不把我当坏人，万一我是坏人你怎么对付等等。在轻松的

---

① 原载《警钟长鸣报·安全文化》1995 年 3 月 27 日第 1·8 版，原标题为《领袖像、孩子照与守护神》，第一自然段略有删节。

② 大慈寺：成都著名古寺，位于蜀都大道东风路一段。

气氛中，我突然有了新的发现。在挡风玻璃上沿正中，挂着一张过塑的小女孩的照片，着实惹人喜爱。小女孩儿美丽的小嘴微微张开，那神情似乎就像在叫爸爸或者妈妈。我仔细地看着照片，顿觉这驾驶室、这女司机多少有些独特，便问道："别的司机在这里挂毛主席像或'一路发'，你怎么挂了一张小孩照片？""这是我女儿。孩子她爸在我'下海'的第一天特意为我挂上的，要我为了女儿，注意行车安全。这不，照片背面还有我女儿写的一句话哩。"

我伸手翻过照片，上面两行稚拙的孩儿书实在令人动容："妈妈，别忘了来接我。"不知怎么的，我仿佛真的有了新的发现，但我没有兴奋起来，却陷入了沉思，以致车已停在大慈寺了，还不知下车……

这事虽已过去了，但现在想起来，仍觉挺有意思，它或许可以给人一点启示什么的。

将守护神由领袖像换成自己小孩的照片，这体现了人们崇拜的一种极向背反，既符合本民族的传统习俗，又具体实在可感，此不失为一种可贵的尝试。

当然，这倒不是说挂了小孩照片就可避祸消灾、保命护身、万事无忧了，而是说小孩的实际存在及其对父母亲的依赖，可以抑制父母工作时心理上可能有的冒险冲动，减少其行动中的冒险成分，最大限度地克服人为车祸的发生，真正起到避祸护身的作用。

笔者在这件事上有这样一点与职业相关的体会，文化的个性决定了文化总是一定民族的文化，民族亦是受一定文化熏染的民族，其中历史的承传、地域的局限等是产生不同民族不同文化的重要因素。中华民族的安全文化无论怎样演变，它都不可避免地要留下具有"中华"这一特征的胎记，而现代文明只有在尊重传统文化的前提下才能被人接受并造福芸芸众生。这位女司机车上挂的小孩像，正是这种不断的文化之流的现实表现，所不同的是由完全寄望于神灵的保佑变为一种自觉的行动和主观的努力。

（1995 年 1 月初稿于成都青白江，1995 年 3 月定稿于新都）

# 大众安全意识的民俗承传与现实表现[①]

　　中华几千年古老文化，始终贯穿着安全这一主题。人们避凶喜吉，求福求正就是对安全的重视。无论是主观的塑造鬼神，还是客观地改造自然，都遵循着"天人合一"的和谐原则，这体现了合理利用自然的科学精神，其实质是为了民族自身的生存与发展免遭自然的惩罚。中华民族文化有一个非常可贵的特点，就是热爱现实人生，从不否定和逃避现实人生，对自身真实地活着感到很有意思而特别珍惜生命。因此，中国人总希望活得平安、活得悠然、活得长久、活得美好。晋陶潜诗云，"采菊东篱下，悠然见南山"，吟唱的就是这个意境。由于这种健康心理的支持，中国人做什么事情，首先最关心的是做这件事情有无风险，即过程是否安全可靠，结果有无意义。不是四平八稳的事情是不情愿做的（这也是中国历史上缺乏世界级的冒险家的民族心理缘由）。所以出门要预测，修房造屋要看风水，破土动工要看时辰，婚配要看"八字"，迎娶要择日子，以待良辰吉日，等等。几乎所有的行动都要事先知其吉凶，吉者可为，凶者不可为或改日改时再为。这些是什么？都是数千年沿袭一贯的民族的安全文化的重要组成部分。当然，不是说这些习俗都可以提倡，但也不能说它们都一无是处。

　　举这些例子只想说明，我们民族的安全意识不是太差，只是不科学而已。决不像有的人所说的那样"没有安全意识"。殊不知我们中华民族的安全意识是有着深厚的文化因袭和心理基础的。可以说中国人对安全的重视，对自身生命的珍惜是无与伦比的，倘若加以正确引导，用现代科技知识去武装之，必将幻化成一股有利于身心健康的强大力量，大大促进安全工作的开展，为生产生活安全创造良好的主观条件，实现主体安全的目的。其实，民间民俗安全活动是一种资源，我们应该换一种思路去对待它，很好地开发它，科学

---

　　① 原载《警钟长鸣报·安全文化》1995年5月29日第1·8版。

地利用它，兴许会变废为宝。这是基于对民俗安全文化在事实上的难以铲除而提出的设想，与其难以废除，不如合理利用。

安全文化作为与人的意识有关的社会现象，是"人"在劳动中与创造自身同时创造的一种文化，多少年来，一直照顾着人类的生存与发展，其中不乏人类智慧的结晶和科学的因子，除了被现代自然科学吸收的部分外，许多非自然科学的东西尚存于民俗民风中，有的甚至被视为迷信的东西而加以挞伐，导致本已不力的宣传再加上对避凶喜吉的某些平常的做法的批评，使社会自发的安全文化活动被迫缩小到狭窄的范围内，甚至成为一种隐蔽的有副作用的反文化活动，使工矿企业正常的生产经营活动也受到干扰。

据报道，某企业一名青工，看了算命书后就不去上班。一打听，方知命书上说他这几天不宜出门，出门有险。对这个青工的作法，如果一味地指责，丝毫改变不了他的迷信，但可以换个说法去做他的工作，首先肯定他的珍惜生命的可贵之处，引导他用科学的方法来善待生命，他就会乐意接受而有益于安全工作。又如，某大型企业，设备从国外引进，工艺先进，职工队伍学历较高，管理层知识密集，但在谋求安全上也常见一些荒唐的做法。该企业有两座高30多米的尿素合成塔，都已用了近20年，其老化十分明显。虽然正常情况下一座生产，一座备用；不料两座塔的内胆同时出现泄漏，正所谓屋漏偏遇连绵雨，使该厂尿素生产系统处于停停开开的状态，这种情况持续了近一年，给该厂造成巨大的经济损失。在对设备进行反复检修又无法修好的持久战中，因检修人员每天三班轮番的工作在随时都可能发生氨或甲胺中毒的塔罐里面，尽管安全部门采取了完备安全防护措施，且配备比作业人员还多的安技人员跟班监护，承担检修的单位仍然有人不时在入塔前要杀鸡祭祀，以鸡血绕塔一周洒祭，祈求平安。每做此事，在场各方人士均视而不见，领导也不加评说，任其所为。试想，如果对此说三道四，肯定会引起检修人员的不满情绪，既不利于检修的进行，还真的可能出事。他们这样做，至少表明他们有安全意识，他们希望工作中不受到伤害。因为不同的人获得安全的方法不同，希望安全的表达方式也不同，只要他有需要安全的自觉要求，不管他怎么做，都应得到尊重，在这种前提下，以科学的方式确保他的平安无事。

现实生活中，不科学的安全活动及象征这一文化的载体，如门神、财神、桃符等，一直沿袭下来，这反应出文化之流难以斩断，如首饰等护身符一直作为高档消费品被人们广泛接受，这就是大众安全意识有利于我们做好安全工作的基础。

（1995 年 2 月初稿于成都青白江家中， 1995 年 4 月定稿于北京中国地质大学招待所）

第三叠

安全美学与文艺学

## 安全生产的美学思考[①]

这是刊发本文的 1993 年 8 月 2 日《警钟长鸣报》第三版影印件

---

① 原载《中国安全科学学报》，1993年增刊；本文参加1993年10月在成都举行的亚太地区职业安全卫生学术研讨会暨全国安全科学技术学术交流会。原题《美学在安全生产面前》。参见《川化》，1992年第2期总第53期第53－56页；《化工管理》，1992年第10期总第58期第40－41页。

人类的以生存为目的的物质生产活动，经历了难以描述的漫长岁月，这个漫长的岁月，就是一段辉煌的美的历程。

在这段美的历程上，安全生产的脚印已悄然的深陷其中。这个深陷的脚印，犹如前人刻下的路标，它闪耀着呼唤生命的灵光，指点着人们的行为和去向。这已经成为无处不在的，让人倾心的现实；这就是为什么越来越多的人向违章指挥、违章作业和冒险作业告别，愈来愈热爱生活，追求高质量的方式和劳动的真正意义的内在缘由。

说到这里，我们已经在不知不觉中触及到美与安全生产的关系问题。就让我们顺着这条思维的脉络来谈谈这既熟悉又陌生的问题吧。

一、安全生产与美学

美与安全生产，在本质上有密切的内在联系，确切地说，安全生产是美的一个方面，是美学的重要内容之一。但是，从表象上看，二者似乎系井水不犯河水的两个部类。这是一个成见，是某种思维方式所造成的误会。在此，笔者冒然地把二者扯到一起，我的理由是，"安全第一"的提出，其时间之短是整个物质生产史的一瞬。但它一经提出，就导致人们审美倾向的偏移，这正好说明它在不同程度上触动了美在主观感受中的诸环节。

安全生产作为一种社会实践活动，它是人类智慧和当代文明的表现，它的实现即作为一种现实存在之事物，是对人的本质力量的充分肯定，因而，它具备了作为美的对象的一切特征。

辩证唯物主义认为，安全生产作为一种实践活动，必然对建立在它之上的社会意识形态的有关方面起决定作用，从美学的角度来看，它决定着人们的审美意识，这种审美意识的系统化、理论化，又反过来有效地作用在审美对象（安全生产）方面，使之更加符合社会的需要，符合美的原则。

物质生产活动过程，就是劳动者力的支付过程，也就是劳动过程，创造过程。这一过程的平安顺畅地进行，是对劳动和创造的肯定，同它的结果，即产品（劳动的物化）一样，浸透了人们的理想与智慧，具有不可遮掩的美的光华。

但是，不容忽略的是，劳动、创造，在其进行过程中，那些具有否定意义的东西常会出来作祟，这就免不了会遇到危险。其中主要有两个方面的原因：一是由于人对客观事物的认识总是存在着局限性，险情有时会意外地发生，甚至一时还没有有效的防范和处置措施，需要以少数人的流血牺牲和财物的一定量的损失为代价去换取大多数人的幸存和尽可能少的物资损失；二是在生产活动中违反客观规律，不按制度和规程办事，一旦出现险情又不知采取有效的技术措施使之转危为安，致使人员和财产蒙受不幸和损失，两相比较，结果虽然一样，性质却大为相悖：前者纯系无奈但不难见其悲壮之美，值得歌赞：而后者实属冒险蛮干可怜之极，理应责备。然而，在一个相当长的时间里，我们把二者混为一谈，甚至为了单方面的需要用冒险的行为去满足之，并以此为美。于是，冒险曾一度成为安全生产的对立面即生产活动中难以克服的大敌。以至今日，我们的物质生产领域仍然或多或少，或轻或重地受到这种审美意识的影响，严重地损害了个人和社会的利益，这就不可避免地向我们提出了更新观念的要求。加之工业革命的发展，机器与人的关系越来越密切，生产的社会化、自动化程度越来越高，事故不断增多，安全问题比以往任何时候都显得突出。于是乎，安全生产作为审美客体便应运而生。

本世纪初，1906 年，美国一位有卓识的钢铁工业的董事长——埃尔·巴德贾基凯利，是他首先提出了"安全第一"的口号。从此，安全成了人们审美的第一需要，安全生产日益成为企业的经营方针。人们开始寻求安全的途径，在主观上通过提高劳动力素质，在客观上通过改善劳动条件，落实行之有效的安全技术措施等手段，把人们从盲目冒险中解脱出来，并逐步成为客观世界的主宰。这一切无不具有崭新的审美意义。

尤其是在重视人员素质的提高这一方面更能说明这个问题。因为劳动条件的改善和安全技术措施的落实，都离不开人的行动；又因为只有素质高的人才具有、才容易掌握安全生产技能，他们把这种技能运用于实践，使生产在没有危险的条件下进行，以尽可能少的代价去为社会创造财富。这无疑是现实中美的事物，任何与之相对的东西，都会受到蔑视，被看作是丑的东西而遭唾弃。

安全工作是一门跨学科的综合性的系统工程，是一门边缘科学，它不仅涉及自然科学诸领域，而且与社会科学有着斩不断的联系。从这个意义出发，从科学研究的需要考虑，安全生产又是美学的内容，可以从美学的角度去研究安全生产的重要性和必要性，以此达到推动安全生产的目的。

## 二、劳动保护与美学

在社会主义制度下，异化劳动不复存在，劳动作为人的自由创造方式，成了人们生活的一种需要，这本身就是一种美，与劳动的本质意义一致，继续起着创造自身的作用。但是，客观世界总是存在着与人对抗的因素。有些我们可以通过已有的认识而克服，有些我们在现实条件下无法消除，但可以设法躲避。因此，在我国，党和政府于新中国建立之初，民族工业处于起步阶段，就明确地提出了安全生产的要求。1949年制定的《中国人民政治协商会议共同纲领》和1954年的《中华人民共和国宪法》都有关于改善劳动条件，加强劳动保护的条文。这是社会主义制度优越性的重要标志之一，透过这个标志，我们看到了安全生产美的所在。

今天，党和政府对安全生产更为重视，除宪法有规定外，还颁布了一系列劳动保护的专门法规，用法的形式来规范生产者和管理者的行为，以及必不可少的劳动条件，确保生产的顺利进行和劳动者在生产过程中的安全健康，让劳动者真正看到自己的理想向现实转化，成为劳动成果的享受者；看到自己的身体和生命以及由生命发动的实践活动在现实中获得了积极的肯定，从而产生无限热爱、喜悦和快慰。这样，生产活动就不仅是人们改造自然的手段和过程，而且也成为一种精神享受的对象——美的对象。

## 三、关于安全生产的审美价值和美学意义

有些与主体对抗的客观因素是难以消除的，也就是说，即使在优越的社会制度下，仍然存在着不以人的意志为转移的事物。当这些事物以消极否定的形态在现实中出现，就会对社会生产构成危害。然而，正是在否定与肯定的强烈对比与对抗中，安全生产展示出它迷人的诱惑力，使人们渴望安全，为安全生产而奋斗。这就为我们提出了新的课题。面对一道道有待攻破的难关，人们开始了对安全生产中某些未知领域的探索，这项艰苦的劳动消失在探索过程中，研究成果里凝聚着探索者智慧的结晶，造福于社会自不必说，

成果本身是主体意志的对象化，是对科研及探索过程的积极地肯定，成为人们审美的客体，人们会对着它而感到愉悦，至于它所派生的社会效益，其美的意义就更为令人陶醉而乐不可支。例如目前不是有人在作一种尝试，把人体生物节律与安全生产结合，用生物节律的研究成果去指导安全生产。它本身的奇妙之美勿须赘言，它的广阔前景更为令人憧憬和引人遐想。

所以，有关安全生产的科学研究，它的审美价值是高昂的，它的美学意义不能不值得我们加以足够的重视。

### 四、安全与不安全的美学价值

就劳动者自身而言，安全生产的美学意义就更为直观现实。常言道，爱美之心，人皆有之。如果我们的劳动理想因为事故而被否定，理想化为泡影，谁作为受害者也会痛苦万分，追悔莫及。这就是说，在生产过程中，一旦发生事故，轻者受伤致残，重者一命呜呼，失去享受劳动成果的可能，还给家庭和社会的一定范围带来长久的悲哀。可想而知，谁不愿有一个壮实健全的身体，谁不愿有一个幸福美满的家庭。这就是不安全制造的不幸。

当然，这并不排除"不安全"的审美意义。辩证地来看，"不安全"作为对安全的否定，以它的功利性而言，是不善的，但它可能是美的。因为它会更为强烈地激发人们燃起争取安全的欲望之火，更充分地引导人们去开启智力，战胜自身，驾驭自然。例如，某磷矿曾一度因办丧事弄得不可开交，连悼词都是通用的，到时换个姓名应付了事。一次，有位中年妇女，来矿为丈夫办完丧事之后，带着孩子们去见矿长，请求矿长收留这几个可怜的孤儿，并说自己已无颜再见家人和乡亲。原来许多人都说她命里剋夫，她打算把孩子们交给矿长后一个人去寻死，因为她以前的丈夫也死于该矿。这事引起了矿长心灵的震动，也引起了全矿职工的无限同情和深刻思索，他们不无强烈地意识到安全生产的无与伦比的重要性。从此，他们挣脱迷信的羁绊，向科学技术要答案，努力改善劳动条件，落实安全措施，切实提高职工素质，增强安全意识，一下子面貌改变了，并受到有关上级部门表彰，成为同行业安全文明生产的一面旗帜。

这个具有悲剧色彩的例子说明，美感是一种力量，它巨大无比，尤其是悲剧给人的美感更为强烈，幻化的力量更为壮硕。因而，安全生产在客观上无论你承认与否，都触动着美的感觉，使主体不得不做出反映，它代表着主体的意志，又作为客观事物刺激着主体，使主体常常在它的面前充满激动和喜悦。

五、安全文艺与美学

安全生产作为一种社会存在，尤其是作为经济基础的重要内容，亦决定着上层建筑的有关方面。例如在立法上，一系列劳动保护法规的颁布施行；在文艺和新闻出版方面，各种劳动保护报刊如雨后春笋般诞生，且正值方兴未艾之时，以安全生产为题材的电影、小说、曲艺、美术等作品层出不穷，它们集善与美于一体，潜移默化地作用于安全生产。这些既反映了美学在安全生产中的运用，又反映了安全生产已不容质疑地成为审美客体。在此，我们可以更进一步地断定，安全生产具有审美价值和不容轻视的美学意义。

以上已不止一次地阐明安全生产是现实中美的事物这一观点，并从广义的美学及其研究对象方面着重展开了讨论。最后，我们再从狭义美学的角度看看它与安全生产有无联系。大家知道，狭义的美学是研究文艺创作和欣赏的认识论和方法论。安全生产作为一项社会实践，蕴藏着极为丰富的创作素材，大可作为文艺工作者的用武之地。现在，安全生产题材的文艺创作有了自己的队伍和园地，《劳动保护》杂志还辟有"安全文艺"专栏。在阅读中我们感觉到，无论其内容是正面的还是反面的，其方法是间接的还是直接的，作者都是怀着一颗善良的心，一腔美好的愿望去反映安全生产中的人和事，都能唤起人们在欣赏中通过审美愉快而产生对安全生产的渴求心理。况且，文学艺术创作本身也是一种认识和研究工作，与其他科研工作的区别在于其思维方式不同，文艺创作以形象思维为主，作品是作者的研究成果，是作者思想和美的载体，它传递着作者的审美感受，使读者受到比在实际生活中集中得多的美的感染，并在愉快的情绪中去接受搞好安全生产的种种要求。从这个意义上讲，美学在安全生产面前，确实具有很高的实用价值和现实意义。

## 六、结束语

追求不舍，探索不止，更新观念，这就是我们已经走过的和正在走的路，我们还要继续这样走下去。我们要真正摆脱旧观念的束缚，用全新的观点来面对司空见惯的有价值的东西，怀着这样的信念，我试着站在美学与安全生产之间，用我愚顽的头脑把二者相连。尝试是初步的，伴着困惑，伴着希望；凭着固执，凭着倔强。深望并世师友共赴此道，窃以为前景一定是不失美妙的。

（1991 年 5 月初稿于成都，同年 10 月再稿于成都；
1992 年 3 月在四川省劳动保护科学技术学会第四次学术年会发表）

# 走出 "丑" 的误区①

曾几何时，工装离开了人们的审美视野，年轻人以时尚为美，再也不像以往那样，希望能有一套工装，甚至以能着一身洗得发白的劳动布工作服而感到自豪了。因为它在那时曾是值得羡慕的身份的象征，遗憾的是，这羡慕早已失落，"此情可待成追忆"。时下，工装不仅远离了人们的日常生活，甚至在生产作业场所也不再能唤起青工们美的感觉，却备受收荒匠们的青睐，悲乎哉！

谁都知道，作为劳保用品的工作服，是根据工种需要配发的，其道理勿需赘言。从穿着实践看，在特定的作业场所按特定的要求着装，不仅有利于工作，还给人以安全感、给人以和谐之美感。例如炼钢工人在高热的炉前着白帆布工作服作业，环境与人浑然一体，既安全又协调，映入眼帘的，无疑是一幅美的画面。由此推而广之，其他工种作业场所亦然。可是，这些安全与和谐之美，却被视为"丑陋"，甚至还被误导："在安全与美丽不能两全时，为长久计，万望能保'安'割'美'。"这等于在向鄙夷工装的人们宣布，工装的确是丑的。只是安全需要它。如此这般，似乎"安全"与"丑"同义。可是，笔者怎么也想象不出"飘飘长发飞舞于旋转的机器间""宽衣大袖招展于车床旁"是美的，相反，我倒觉得这与着一身油迹斑斑、污垢积满的工作服冒失地坐在别人家的沙发上一样，丑不堪言。

更令人费解的是，有权威人士针对因着装不符要求而导致事故多发于青年女工的现象，竟然振振有词："爱美之心作祟……"权威人士的权威说法，已在无意之中肯定了对美的不正确认识。因为爱美之心人皆有之，谁情愿割美呢？别说受伤致残，就是死，也要死得风光，死得美，才算过瘾。循此逻辑，那么，泳装之美、健美运动三点式装之美也可在大街闹市尽展其神韵和

---

① 原载《浙江劳动保护》，1994年第5期总第6期，第35页。

风采。倘若真是这样，美吗？

说千道万，归根结底，我们不该以美为丑，又以丑为美，更不该把安全与美丽对立起来。美与丑是可以互相转化的，随时间、地点的变化而转化，但安全却是永恒不变的美。安全与美是两个几乎可以重合的概念，甚至可以把它看成是某种宜人的事物的不同说法。当我们把美之极致用"完美"一词来描述时，安全是美就显而易见了。

有了美的观念的更新，我们就会视与环境和谐的正确的着装为美，并用美的眼光去赞扬这种行为。我们有责任告诉人们，美在协调，美在物与物的互容、人与物的和谐共存，这就是人机工程所追求的崇高圣境。人、机、环境的和谐就是安全化的实现。这更进一步地证明，安全不仅不排斥美，安全本身就是美，只有美才安全。

愿劳保工装之美广为世人所接受，愿年轻的朋友们正确的认识美，享受美，切莫以美为丑，舍美求丑，走出丑的误区。

# 安全文化的美学本质①

"安全文化"一词，在目前已出版的辞书里是找不到现成的解释的，这无关紧要，我们可以凭借语法规则对其作一番分析。显然，"安全文化"一词是一个定中式偏正词组，"文化"是中心词，"安全"当然就是定语成分了，它对"文化"起词义上的限制作用，即"文化"是人类的自觉自由之为的产物，它包括全部人为的事物；"安全"作为全部人为的事物的一个方面、或者一个部分、或者一个领域，就是我们所说的"安全文化"。

就安全文化自身而言，它又涉及人类活动的各个方面，几乎全部人类活动都离不开安全，它没有时空界限，其存在的历史性、深远性、广泛性，可以任人们作怎样的猜度和玄思冥想都不会过分，其美妙的现实意义和对未来的有益铺垫值得大家痴心向往。

关于安全文化的广泛性之美学意义此不一一述及，仅就物质生产领域的安全问题，也即劳动安全方面存在的审美价值作些论述，唯恐以偏概全。

马克思主义认为，劳动创造了人，在《1844年经济学——哲学手稿》一书中，马克思写道"劳动创造了美"，还说，美是"人的本质力量的对象化"。马克思主义的这些观点，把"人"与"美"联系得如此紧密，一方面表明劳动创造了主体——人，另一方面又表明劳动创造了美的客体——对象，前一个劳动体现了主体的内化，后一个劳动体现了主体的外化。无论是主体的内化还是外化，劳动都是由人发动的，都是只属于人的，在劳动与劳动的结果——内化和外化——之间，也就是劳动过程当中，有一条与这过程同长短的若隐若现的纽带，那就是"安全"。可见，安全的劳动是人能成为人的保障；安全的劳动是人的本质力量对象化得以实现的保障，也即安全是实现美

① 原载《浙江劳动保护》，1995年第1期总第8期，第38－40页；1995年第2期总第9期，第38－40页；1995年第3期总第10期，第38－39页。参见《中国安全文化建设——研究与探索》，成都，四川科学技术出版社，1994年12月。

的创造的保障。这是从安全与美的关系而言的。那么安全本身是不是一种美呢？作者认为，安全是有状态的，它保护人，它带来美，这是安全的一种客观存在形式；同时，它使人身体无损、心理无危，它使人的劳动目的向现实转化，通过劳动过程被劳动成果肯定，让人既是物质产品的创造者，又是物质产品的享用者，这些就是它美之所在，其美学意义亦在其中。

## 一、安全是对劳动的肯定

我们都知道，每一个人在现实生活中都必须劳动，劳动是创造财富的必要手段，为自身提供衣、食、住、行的条件，这是从一般的生存意义上的劳动，即物质生产活动而言的。人们的衣、食、住、行离不开劳动，可是劳动本身又不是衣、食、住、行，劳动与衣、食、住、行之间还隔着一条不能直接跨越的沟壑，这条沟壑是不能用填平的方式去消除的。有史以来，人类就在寻求解决的办法，这个办法是什么呢？这个办法就是在劳动和衣、食、住、行之间架设一座金桥——安全。有了这座金桥，这座金桥牢固了，人们的劳动就被肯定，才有人去享受衣、食、住、行的快乐；当然，衣，食、住、行的实现又带来了新的安全问题，此处就不多赘。

劳动范畴包括两个方面，一是劳动进行着经济学意义上的物质产品的生产，也即使用价值的生产，它为人们建构物质生活、精神生产以及其他社会活动的基础；再者，劳动是基本的人类生命活动，是"产生生命的生活"，在体力、智力、情绪，感情、意志等生命能力全面运用的劳动活动中，劳动者通过不断改变自身、完善自身，使自身的创造潜能得以最大限度地展开和最全面地实现。后者比前者显得更为重要，因为它把人的生命以及生命能力视为最基本的东西，离开这个基本点，任何创造都没有意义。这个基本点靠什么去巩固，靠的是人们对自身生命的珍惜和保护，靠的是全社会对避凶喜吉的文化遗产的承继和发扬。不然的话，我们的劳动就会偏离这个基本点，甚至导向否定，导向异化，人类生活就会失去美好，被危险与灾害笼罩。

从最近几年来的事故高发及分布来看，越是发达的地区事故越多而且危害越大。这里面有着许多深层次的文化问题尚需研究。诸如随着人类社会日益向着"现代化""后现代化"的推进，"人的物化""人的类化""人的单一化""道德感的丧失""使命感的丧失""历史感的丧失""爱的能力的丧失""审美能力的丧失"等等，这种丧失的程度因年龄不同而不同，人越年轻，传统美德越不显著，这些都真真切切地发生在我们周围。

1993年8月5日，深圳市清水河仓库发生了举世震惊的化学危险品大爆炸，可是据报道，"股市，深圳人永恒的兴奋点。爆炸当天，各交易所依旧人头涌动；6日，股指微跌3.8031点；9日，灾后第一个交易周开始，当日，股指突升14.8355点，12日继续攀升，并创下成交金额、笔数和股数3项历史最高纪录；以后几天，深圳股市连创新高"。① 与此同时，发火灾财的也蠢蠢欲动，趁人们为救灾忙碌之际，这些人鼠窜出来，有撬门行窃的，有绑票敲诈的，甚至还有在搬运事故中遇难人员的尸首时，向单位或向死者家属索要酬金的，真是麻木不仁之极。

也是在深圳，这个中国人看外国的窗口，这个被称为现代化的都市，1993年11月19日发生了一起厂房着火烧死80余人的火灾惨剧。可是在全总派人前往调查时，葵涌镇却有人出面以别破坏了本镇的投资环境为由进行干扰。这到底表明了怎样的一种心态，难道现代化就是反文化吗？"高物质低层次"，多么恰如其分的评语，这些人对灾难的态度使世人看到自己的同类精神升华的渠道淤堵了，也就是说人类的一个本来能够给自己带来更大欢乐和愉悦的泉眼废弃了。

高速公路和高等级公路的使用在我们的"黑色档案"里也有类似的情况，即：路越好，事故越多；路越宽，撞人越严重。这分明与公路建设的主观愿望相悖，人们想方设法改善了的条件又反过来给人们自己带来更多更大的灾难与麻烦，症结在哪里？是法制不健全吗？是行政管理不严吗？回答应该是否定的，因为基本上可以这么说，当前的道路交通安全管理与执法是比较完备的，仅警力的增加和义务交通岗的普遍设置就是明证。但是，把人压死比把人压伤处理起来要好得多的现象在不少驾驶员心中成为信条，这又是什么缘故？问题越来越多。一句话，我们用自己创造的文明去否定"文明"的我们，把我们导向异化的歧途，我们已重重地跌落在需要重建的文化废墟上，把人性唤醒，让文明重新照亮我们已迫在眉睫。

---

① 参见《火祭清水河》(深圳特区报,1993年8月18日)。

人所创造的世界应是宜人的世界，人所创造对象世界的劳动过程也应是宜人的过程。这里所说的宜人就是安全，就是能使劳动者身心快适的美。在广泛借助科技物质生产力进行劳动的同时，还应比过去更多地关照劳动主体，也即肉体物质生产力自我生存、发展的需要，尽最大努力、尽可能地避免人成为机器的奴隶，不能像卓别林在电影《城市风光》里扮演的角色那样，不由自主地、不停地、重复地、简单地、单一地挥动扳子，其机械性动作俨然是一台用血肉做成的机器，简直成了流水线的一部分。由于如此单调乏味频率又很高的机械性动作，"卓别林"最终还是被流水线带进了运转着的机器内，被冷冰冰的机器吞噬。这部电影实际上是一条预言，事实证明它言中了。如果当初人们把它当作一个预警，也许人类的进步会更宜人一些。可想而知，人的劳动要完成美的创造，达到美的目的，没有把人真正当成人的安全保障，真是异想天开。

前面提到的事故高发，还有另外的原因也是值得我们重视并作认真分析研究的。统计表明，1992 年全国各类事故死亡 95 445 人，伤 16 万余人；1993 年呈上升趋势，共死亡 10 余万人，伤数 10 万人，这里面还不包括职业病致死和农药中毒致死者。这些不完全的统计数当中，有一半伤亡发生在工业企业。如此严峻的现实，不仅仅是经济学意义上的以钞票的多寡去衡量的产值和利润的减少，更重要的是有数以 10 万计的普通劳动者不能享受或者不能健康地享用经济发展的成果。如果仅仅把它看成是经济建设中应付出的代价或者以缴学费之说聊以自慰，就很难使人们对安全在现实生活中的首要地位引起注意而大彻大悟；没有这样的大彻大悟，人的正常的感情与理性还将继续沉睡；但是我们失去的是有血有肉有个体追求和自我意识的不同于机器的活劳动啊。马克思把活劳动本身视为一种劳动主体的存在性：活劳动就是活劳动能力的劳动，就是活劳动能力自己的生命的表现。人毕竟与动物不同，不像动物那样以类的形式存在，历史唯物主义首先肯定人是个体生命力的存在，然后在这个最基本的起点上考虑社会的存在和发展。也就是说，"任何人类历史的第一个前提无疑是有生命的个人的存在"。① 从这个观点出发看问题，我们所面临的现实似乎太不宜人了，我们在一定程度上是在否定生命的

---

① 参见《马克思恩格斯全集》第3卷第23页（人民出版社，1960年版）。

个体存在，并在此基础上发展经济。我们最不应该的是，把人"类化"，因而失落了个体的情感、思想、追求，"个人存在的积极实现"被否定，劳动本身成为人的自我享受、成为"生活的乐趣"也就成了无稽之谈。

直至今日，人们仍然把最终解决安全问题的期望只寄托在科技的进步与社会强制化管理的完善上。从整体实践来看，效果并不显著，疑惑之处也不少。"安全科学技术"作为国家一级学科的诞生，照顾到了这一不足，其发展可以消除这一不足，因为它是介于社会科学和自然科学之间的一门交叉学科。这门学科一旦广为应用，无疑会克服社会发展中常常出现的顾此失彼或者顾被失此的现象发生，它的最值得重视的作用就是使人类社会的发展良性化。

回顾一下人类社会的历史，再环顾一下当今我国的内地与沿海，不难看出，人类今日面临的职业危害与事故困境，总是与科学技术的进步、与社会管理的现代化以及它们的无处不及相伴随。就拿生产管理和组织来说，在不少工矿企业里，厂（矿）长、经理及各层管理者甚至包括以做思想工作为主的政教工作者等，多半都由不懂组织与管理，缺乏社会科学知识的工学出生的人担任，从这些人的知识结构看是很难担此重任、管好生产、搞活企业的，因为在他们的知识构成中，对没有生命的如机器、设备、原料怎样变成产品等最为熟悉，对这些死的东西，无需情感投入就能管好。所以，在实施管理的过程中，作为活劳动的人也往往被当作机器设备来对待，甚至被管理所忽略。管理者常常疏于对人的关照，生产中发生事故伤了人、死了人，就像设备出了故障或者报废一样，难以激起管理者情感的涌动，这种现象实际上就是人们自己把自己"类化"了、"物化"了，作为个体的人在类中被淹没了。再加上一味地追求经济效益和事故的处罚缺少对人的照顾，认为死一个人还没有坏一台机器造成的经济损失大。机器坏了要钱买，还要影响生产；人死了，有的是人来补充，只要不是毁灭性的事故，不会影响生产；但新买一台机器比新招一个工人花的钱多。这种纯货币形式的权衡利弊是一种思维的泥潭，是由于知识结构单一化产生的误导。

的确，从死一只羊或一头牛不能推出没有牛羊的结论，但这一逻辑不能用在人身上。人，首先是个体的存在，他有思想、有个性、有感情、有才智、有亲朋、有好友，他的死于非命，就没有那么简单了，不能以"巨大的损失"或"负出沉重的代价"这些与人生价值不相干的字眼来搪塞。这在美学意义上实际上是对人的本质力量的一种否定，是一种反文化的典型表现。因为文化的真实内涵应当是"人化"，它既是对象世界物质形态的"人化"，又是主体自身不断发展的"人化"，这种主体自身不断发展的"人化"成为现实，人人都善始善终，安全就自然而然寓在其中了。

由此观之，管理中对人的忽略是没有出路的，它会给人类造成接连不断的灾难。例如人是经济活动的发动者，可是在经济学的研究中却总是把这一点忘却，更别说把人当作经济活动的参与者和归宿者了。经济学中看到的只是钞票和物料在运动，资本在运动，却看不到最大的资本、作为主体的人的活动。"企业管理也往往被理解为生产管理，管理的视点中心落在计划、目标、技术、设备、物资、成本、资金、财务等，人即使被纳入管理视野，也总被抽取为一种会劳动的力。将活跃的生命抽象为'力'来管理"。① 可想而知，事故怎能有效地预防，"安全第一"作为方针怎能落实。难怪第四次事故高峰出现前有准确的预警，却不能有效地预防。

80年代初②，关于管理问题曾有过一次讨论，是内行管内行好还是外行管内行好，讨论中把"外行"与"内行"都绝对化了，并孤立地去看两者的关系，但最后还是众说纷纭，莫衷一是。而实际工作中，不少单位也确实按照内行管内行的管理思路作了一些调整，这样一来，在工矿企业里，非工学出身的没了席位，学工学的纷纷登台；人事部门在院校毕业生分配上，也是按专业对口分配，造成工业企业清一色的工学人才，机关也与所辖行业对口，一律是某个专业的人才，文教部门则多为文理出身。于是乎，内行管内行的封闭结构产生，单一的知识和共同的语言、行话使单位内部没有任何杂音。其结果在很大程度上有悖初衷，内行的上级对内行的下级不是多了体贴与理解，而是多了控制与防范。"你说的我都懂"诸如此类的用语抑制了创造潜能的发挥，即使有不甘寂寞者也只好落得个"灯下黑"或者"墙内开花墙外香"的际遇。更为可怕的是，这样的人员结构和管理模式所埋藏的隐患已在近几年不少工矿企业事故频发的事实中显露出来。那种把人当作机器来管理的，掌握了现代科技手段的管理者（其实有相当一部分是徒有虚名，如60年代中后期有些院校生接受相应教育并不充分），他们宁肯相信计算机，与计算

---

① 章斌《劳动美学》第121页（经济日报出版社，1991年4月第1版）。
② 指20世纪80年代。

机做伴，让计算机牵着其鼻子走，也不愿努力掌握把人当作人来管理的技能，更不要说让他们改变习惯了的思维方式，明白年轻的美学家章斌所说的那番话，随着人的才情学识的提升，"劳动者不满足于被动受机器和生产工艺的制约，不喜欢处处受人指挥的组织状态，他们不但需要自己劳动的经济价值、劳动的安全、心理的卫生，而且愿意工作更具有技术性、挑战性，能够表现自己的创造性；期望劳动更富有生命情趣，劳动协作关系更有人情味，劳动活动成为个性实现和能力发展的新天地"。① 这段话把人的身心安全健康作为实现自我价值的基础部分，而所述全部需要和人的期望的实现，就使劳动回到了它的本质意义上来。总而言之，安全对于劳动的意义，就在于肯定人的劳动，肯定人的存在和人的本质力量，并使之对象化。

## 二、安全的劳动不仅使主体外化而且还使主体内化

劳动所具有的创造性在任何时候都只是一种可能，当被今人称为"安全"的保障系统引入后，这种创造性便向现实转化。人们对安全的追求以及安全的劳动不仅能创造自身赖以生存的物质财富和使用价值，还能不断地发展和完善自身，使存于生命体中的体力、智力、情感、思想等创造潜能的实现由可能性转化为现实性。

凡人都有这样的经验和体会，常常为自己圆满地完成了一件什么事而兴奋、自豪。可为什么会在事后有这般心境？为什么能有这般心境？这是一个看似简单实际上内涵丰富的问题。因为这情形的产生不仅缘于取得了成功，更重要的是创造者自身充满活力的生命还存在，他充满感情与希望的内心追求通过创造性的劳动取得了成果，他的理想因为劳动变为了现实，而且这现实又有他的分，他怎能不高兴。这一情形的出现，哪怕是一个短短的片刻，都是靠安全去合成的。在高兴的情形出现时，安全隐去了，这就是长期以来人们在生产劳动中忽略安全的原因之一，似乎安全只与事故有关，出了事故才言安全；不出事故，安全就靠边站。

哲学人类学认为，作为生命力展现的劳动是主体在改造对象世界的同时

---

① 章斌《劳动美学》第22－23页（经济日报出版社，1991年4月第1版）。

改造自身的二重化运动，一方面劳动使生命力外化，自然成为人的生命能力对象化的再造自然；另一方面劳动调集起人自身的全面素质与能力，在活动中使生命力的作用内化，促进人本身的整体性发展。劳动的"二重化"其客观存在性是显而易见的，但一般人对对象化劳动，即创造产品的劳动较为容易理解，对创造自身的非对象化劳动感到陌生，其实劳动的对象化与非对象化是统一的，这也是我们做好安全工作必须首先要解决的认识问题。

关于对象化劳动，我们就不多说了，在本文前面已有比较清楚的论述。下面主要针对安全对非对象化劳动所具有的重要意义谈谈看法。

非对象化劳动是创造主体自身的劳动，它存在于劳动过程中，是一种活劳动。劳动美学认为，活劳动，是劳动本身的非对象化的存在，也就是主体的存在。劳动不是作为对象，而是作为活动存在；不是作为价值本身，而是作为价值的活的源泉存在。非对象化的劳动即活劳动能力本身，是主体自为的，非对象性的存在，但却是与劳动者生命体相结合的直接对象性存在。这种对象性，没有脱离人身，与人的肉体直接结合。所以，它同样是非对象性的。非对象性即活动与主体的直接同一性，主体的劳动能力与劳动活动同一，能力在活动中展开、实现并在活动中不断积累、增生。这也就是存在于劳动者自身之内的对象性，是劳动作为人类生命本体活动的自我规定性，它的显要标志就是：以自身为对象进行自觉自律的活动。如此，人类才能有目的和规律地改善活动条件，选择活动工具，变换活动方式，在改造外部世界的实践活动中协调主客关系，提升自身，并使其在改造客观世界的同时又改造主观世界以实现自我（参阅《劳动美学》第26页）。可是，现实生活中，活劳动"个人存在的积极实现"常常被意外因素否定，使劳动者的理想化为泡影。所以，法国雕塑家罗丹曾感慨道："如果工作对于人类不是人生强索的代价，而是人生的目的，人类将是多么幸福！"①

怎样才能实现罗丹的愿望，马克思主义告诉我们，必须建立具有"劳动和享受的同一性"的共产主义制度，这无疑是一个针对资本积累阶段所出现的黑暗状况而提出的解决问题的办法，当人类走过这一阶段或者已经建立了社会主义制度（共产主义初级阶段），最现实的措施是建立人类的安全保障体

---

① 参见《罗丹艺术论》第118页（北京：人民美术出版社，1987年2月第2版）。

系，使劳动成为解放人的手段，使生产劳动"从一种重负，变成为一种快乐"。例如，随着科技的进步，工业生产中科技应用的普及和发展，改善劳动条件、减轻劳动强度，用机器人、机械手代替人在一些危险、恶劣的场所作业等。这样做不是限制人的活动能力的发挥，而是切实地从保护人的愿望出发。因为科技进步本质上是人的创造能力的一种自由的有效延伸。只要我们始终把握住一点，即人是科技的主宰，科技是为人服务的，那么劳动者在人机系统中就始终处于主动的地位，技术就不可能对人产生约束力而使劳动场所宜人化。

通过对安全在非对象化劳动中的重要性的了解，我们发现，新中国成立以来，在实施安全管理的具体工作中，党和国家正是以此为宗旨的。通常所说的劳动安全．实际上指的就是以人为中心的涉及机器设备与环境的安全。我们从美学的角度把它提出来，想不到竟与劳动安全，特别是劳动保护的含义不谋而合，可见劳动安全作为一项事业本身所体现的美的内涵。劳动安全注重对人的关照，美学又是专门研究人的感性世界的学问。人在感性世界中直觉的好恶就是美丑的区分，安全于人是好事，当然就是美的，这是最易被人接受的感性认识，它能不能上升到理性认识呢？能的。安全的劳动可以使劳动者个体保全、身心健康；能够安全地劳动表明人本身的整体性发展处于正常状态；探索实现安全的途径和方式方法使人自身的整体素质和能力得以提升。这都是主体内化在不同层面上的反映，都是理性认识的结果，说明人们由本能的安全需要上升到自觉自控地并自由地实现安全。当然这绝不等于说主体的内化就表明彻底地解决了安全问题，事实上，过去是、现在是、今后肯定也是，安全保障始终存在着进步的局限。有些与主体对抗的客观因素是难以消除的，即使是建立了一种优越的制度，仍然存在着不以人的意志为转移的事物，当这些事物以消极否定的形态在现实中出现，就会对社会生活构成威胁。然而，正是在否定与肯定的强烈对比和对抗中，安全更展示出它迷人的诱惑力，使人们渴望安全，为安全而奋斗。面对一道道有待攻破的难关，人们不断地对安全问题中某些未知领域进行探索，艰苦的劳动消失在探索过程中，研究成果里凝聚着探索者智慧的结晶，造福于人类自不必说，成果本身是主体意志的对象化，是对科研及探索过程的积极的肯定，成为人们的审美客体。人们会对着它感到愉悦，至于它所派生的社会效益，其美的意义就更为令人陶醉。例如目前不是有人在作种种尝试，把人体科学、人机学、生命科学、系统科学等与劳动安全相结合，仅1993年10月在成都召开的亚太地区职业安全卫生学术研讨会暨全国安全科学技术学术交流会和1994年8月在太原召开的全国安全生产管理、法规研讨会，就有近400篇论文入选参加交流，各地方学会的学术成果也是硕果累累，这些都表明人类对自身命运的把握越来越稳妥、越来越有办法。最近还有人提出更为宏大的设想，开展安全文化建设，让安全的需要成为一种文化现象，让"安全第一"成为民族的心理定势，利用文化的广远性、历史性、渗透性和唯人性来指导安全生产和生活，保护劳动者的安全健康。可以预言，它的广阔前景是非常美妙而令人憧憬的。

这段论述引出了一个新的值得重视的问题，安全的劳动使主体内化成为现实，探索安全的方法不仅使主体内化成为现实，而且使主体具有了对象化的内化的特征，是一种生命创造能力的高级形态，是人的本质力量达到了崇高境界的一种对象化。它使专业的安全科技工作者队伍得以形成，它是人类社会文明发展跃上新台阶的重要标志。

### 三、安全是人与自然之间和谐联系得以实现的条件

美学家肖君和说："美是在人类社会实践中形成的，以意向和环境的融合为本质，以审美生理心理结构和信息的相互作用为物质基础的人和自然之间的联系形式。"① 从这段话里我们可以领悟到美的定义。这个定义不是纯粹的理论思辨，而是与现代生理学、心理学、解剖学、信息论、控制论和系统论相符合的科学论断。我们用这个原理来考查安全生产与安全生活，发现安全在这一联系形式当中起了中介作用，是人与自然之间和谐的现实联系得以实现的必要条件。如下图。

安全与人同在，也与人的环境（有人的实践活动的自然）同在，环境是人赖以生存的物质基础，这一基础如果是排斥人、否定人的，人与环境的现实联系就会中断，就不能构成现实世界的美。主体不在了，客体也就不成其

---

① 钱学森、刘再复等著《文艺学、美学与现代科学》第375页（中国社会科学出版社，1986年4月第1版）。

为客体，世界将归于混沌，还有什么功利、名份、崇高，伟大、善恶、美丑、道德、伦理、信仰、宗教、法律、政治等，一言以蔽之，没有了安全，没有了人，什么至高无尚的东西都别再谈了，一切都归于空无。

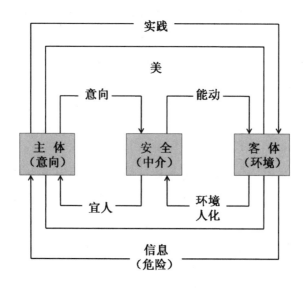

**安全的中介作用图示**

这不是危言耸听，这仅仅是从美学意义上来揭示的道理。大家知道，1993 年 11 月 19 日发生在深圳葵涌镇的"集体大火葬"和 1994 年 6 月 16 日发生在珠海前山镇的惨剧，前者烧死 84 名男女青工，后者砸死 93 名血肉之躯，还有 15 人下落不明，仅仅两次事故就造成 177 人死于非命。据报道，这些失去生命的人，大多都是来自内地的打工人员，几乎人人都怀着一个极为普通的美好愿望，有想挣几个钱回家盖房的、有自挣嫁妆的、有为置办彩礼娶亲的。总之，他们都希望改变现状，走出贫困，改善自己与现实的关系，让现实更适合自己的需要。可是，残酷的现实把他们的劳动否定了，把他们的劳动理想否定了，甚至把他们个人生命也否定了。也就是说，主客体之间的安全中介失去作用，导致主体与客体的同归于尽，构成美的整个联系全部切断，起始端点和终端也被抹去。可见，人与自然之间的和谐的现实联系得以实现，没有安全作中介并可靠地发挥作用，是绝对没有保障的。

类似的问题严重而广泛地存在于我们的生活中，给现实生活蒙上了厚重的阴影，添了许多乱子。据国际劳工组织报告，全球范围内企业工伤年平均

5 000万起，10余万人丧生，150万人受伤致残，若加上自然灾害每年还有300万人丧生。

在我国，随着经济政策的放宽，企业自主权的不断扩大，但由于用人标准仍然是计划经济时期的标准，许多企业管理者不能适应变化了的形势，甚至根本不具备自主管理企业的素质，遇事手忙脚乱，盲目向钱看，急功近利，以致在近几年出现了许多事与愿违的事情，劳动成果的相当一部分毁于天灾人祸，数以10万计的劳动者或伤或残或死，使社会生活总不能如愿。1992年，全国各类事故伤16万多人，死9.6万人；1993年，全国各类事故伤数10万人，死10余万人。1992年11月23日，在桂林发生的波音737飞机粉碎性解体事故，一次死141人；1994年6月6日，在西安发生一起坠机事故，造成机毁人亡，160人丧生。1992年2月14日，河北唐山林西百货大楼发生火灾，死亡82人，伤58人；1993年12月13日，福州高福纺织有限公司发生火灾，烧死60人；1993年11月26日，湖南9625工厂发生爆炸，400多平方米厂房全部炸毁，仅次日晨的统计就有60人死亡；1994年1月24日，黑龙江鸡西矿务局二道河子煤矿服务公司七井发生瓦斯爆炸，死亡99人；1994年2月1日，四川万县港区江面上，"长江02023"船队与"川运21"客轮相撞，造成"川运21"客轮翻沉，死亡、失踪72人……

除此之外，国务院副总理邹家华在1993年6月16日的一个讲话中还说："我国职业危害也相当严重，近几年来，每年新增尘肺病近2万例，死亡5 000余例，每年发生的急慢性中毒近1万例。农村农药中毒的情况也十分严重。严重的事故和职业病所造成的人身伤亡，不仅使本人受到伤害，而且使其家属蒙受不幸，给成千上万人民群众造成心理上难以承受的负担。有的职业病患者因为忍受不了疾病的痛苦而自杀。"邹副总理这番感人肺腑、令人警策、很有人情味的讲话道出了安全管理的根本是照顾人的。他还切中要害地在多次讲话中指出事故多发的原因，他说"60%以上的事故是由于'三违'造成的"。所谓"三违"，指的就是人的"不安全行为"，此乃施害者是人，受害者也是人。可见"安全与不安全"是人与自然之间的联系是否和谐的重要媒介。

众所周知，造成事故的条件有两个方面的因素：一是主观的，即人的不安全行为；另一个是客观的，即环境（物）的不安全状态。两者撞到一起，就会发生事故，将人与自然的和谐联系破坏。反之，人的安全行为与环境的安全状态构成了和谐的主客关系，这就是本文前面那张图的内涵。

从主观即人的一方来看，安全是一种社会（人的总和）现象，也是个体的人的生命诸能的需求，任何非人的安全（生物体本能的生存现象）都是不存在的。例如人体的大动脉都是沿着上下肢的内侧和骨骼之间经过，你能说这是人的防身措施吗？所以，凡是属于造物主给的与生俱来的本能的不需教化的那部分纯器官的保障功能，不能视为我们要讨论的安全行为。我们讨论的是，人作为社会实践活动的主体，在向自然索取人所需要的物质的活动中，对自然界所存在的有害于人的信息做出处理时的意向，即所采取的直接的趋安避害的措施以及因此而形成的思想观念。人一旦具备了这样的观念，就会能动地去改造自然，使自然按照人的意愿向人生成，最大限度地向自然索取而不至于受到自然的惩罚，确保个体的人作为与自然联系的一端安然无恙，这样，人与自然就会永恒的保持和谐。

从客体即自然（环境）的一方来看，自然界的客观存在性决定了它无所谓安全，也无所谓不安全。例如山体滑坡、地面崩陷，它纯属一种自然现象，能说它不安全吗？只是因为有了人，有了人与自然的联系，才出现了安全问题。人，从生理特性看，也属于自然界，所以，它要同自然界进行物质交换，这样就与自然界构成了弱肉强食的关系，还必须面对天崩地裂、雷劈火焚、风掠水淹的自然现象。这些现象发生，只有在人的头脑里才会转化为安全与不安全的概念。所以，如果说自然界是安全的，那么无疑是人在实践活动中对自然信息做出处理并经过正确选择的结果，它已经打上人的印记，或者说它已经"人化"，这就是美学意义上的"自然向人生成"。如果说自然界不安全，给人造成了危害，这决不是自然界的可恶，而是人的错误，不是对有害信息的认识和处理有误或不知躲避，就是违反自然法则胡乱所为而致。其结果，自然仍以它的客观性存在着，而人呢，个体的失去，类的悲哀，本可以和谐地联系失去了一个端子。

再说处于中介位置的安全，安全的自觉与自由需要是人独有的，人在作用于自然的实践活动中，获得自然的若干信息。这些信息在人看来是有好有坏的，那么人就会对信息做出有利于自己的反映，挑选好的、宜人的部分；当然，对坏的部分也要根据实践的是否需要做出处理，若需要，就会发挥人的能动性，使之变坏为好，实际上就是遵循客观规律，因势利导，使自然适宜于人，达到既向自然索取，又与自然同在的和谐相处的目的。整个过程都以安全为中介，使过程通过安全，使结果因安全而"人化"。这就是所谓"美的本质"，即"意向与环境的融合"。

综上所述，正如高尔太教授所说，"反映于审美活动中的历史和社会的规律，不过是自然本身所提供的可能性通过人而转化为现实性的途径而已。这些途径有时导向人的肯定，有时导向人的否定。前者是自由，而后者则是异化"。① 这段精辟的话语也可套用在存于审美活动中的安全追求，因为安全就是对人的肯定，就是自由，就是美；事故就是对人的否定，就是异化，就是丑。而且，自由是和谐的确证，和谐是自由的标志。所以，安全文化的弘扬，全民安全意识的提高，就能够在人类的生存与发展方面造成一个美的、和谐的氛围，其美学意义则不言自明。

（1993年6月初稿于成都， 1994年8月再稿， 10月定稿于成都）

---

① 钱学森、刘再复等著《文艺学、美学与现代科学》第381页（中国社会科学出版社，1986年4月第1版）。

# 安全文化与文学艺术①

作者曾经撰文论述安全的美学意义，认为安全文化建设有利于提高人们的审美能力，对于普通人把握生活中对自身最有用的美是什么将起到十分重要的作用。它是美之于人类最现实、最直接的部分，它作用于人，其可感性与艺术近似，所不同的仅在于前者是直接的，后者是间接的。因为艺术和美同属一个系统，"艺术是审美价值的凝结，艺术美是美的典型形态，高级形态"。(肖君和《用现代科学和方法揭开美的奥秘》)② 而艺术又是文化的典型形态，这就是本文讨论的要点。

安全文化是人类文化之初元③，其历史之悠久已为不少人所接受，但安全文化建设，作为人类安全保障的一项明智选择，在我国还处于萌芽阶段，尚需作大量的理论准备与舆论宣传工作，文学艺术担此重任是最合适不过的。因为文学艺术作品具有强烈的感染力，由它来做开路先锋对这项巨大的跨世纪工程是非常有益的。人们有责任让文学艺术成为一项为安全生产、劳动保护服务的崇高事业，成为整个安全文化建设事业的一个重要部分。

## 一、丰富的创作源泉

安全文化作为人类文化的组成部分，广泛存在于人们的社会生活中，并集中表现在社会的物质生产领域，通常所说的安全生产④指的就是这一领域的安全文化。作为文学艺术创作要反映的重点也在这一领域。当然，与物质生

---

① 参见《中国安全文化建设——研究与探索》，成都：四川科学技术出版社，1994年12月。
② 参见钱学森、刘再复等著《文艺学、美学与现代科学》第359页（中国社会科学出版社，1986年4月第1版）。
③ 参见拙作《劳动与安全·人与文化》，成都：警钟长鸣报，1995年2月27日第8版。
④ 指生产的一种形式，即与国家法律法规和标准相符合的生产形式，与客观存在的不具备安全条件的生产形式相对。

产活动相关的事物又涉及各个领域、各个方面，准确地说就是人们社会生活的全部。在如此宽广的领域有着五彩缤纷、千姿百态、万花筒般丰富多彩的生活，蕴藏着取之不尽、用之不竭的创作素材，是文学家、艺术家们创作活动的新天地。

但是，迄今为止，这还是一块处女地，即使是有一些垦植，也是浅层的，它期待着真正的文艺家的开垦。对它的垦拓，其意义不亚于当年哥伦布发现新大陆，也不亚于当今人类对艾兹病的宣战。

当然，对于人类物质生产领域如何安全地进行生产，自然科学家、社会科学家早就在做，并努力地持续在做，也提出了大量的适时合情的事故对策，但作用甚微。事实上，生产力越发展，科技进步越快，事故也越多，这个成正比增长的势头已经严重地违背了进步与发展的人类意愿，从局部看，有些甚至走向了反面。郑州高新技术开发区的一座食品添加剂厂在爆炸中化为废墟，厂长和20多名职工一起与工厂同归于尽；还有被称为"首长工程"的南昌市万寿宫商场火灾及隶属公安部门的深圳清水河仓库大爆炸等，都是这方面的典型。难道这些厂长、首长、公安局领导他们没有科技知识、不懂安全、不懂法？不是。那么是什么原因驱使他们错误地决策并执迷不悟酿成灾祸呢？也许人们会排列出数不清的原因，但是可以这么说，这些人对事故危害的认识还保持在抽象的理性认识上，缺少具有感染力的艺术形象让他们能一边投入感情，一边提高对事故危害的认识。显然，能起到这个作用的，只有文学艺术。用形象说话，通过形象表达作家、艺术家的思想，感情、观点、意见，是文学作品和艺术作品的独特性能。这种性能产生的实际效用，是任何科技著作都不能代替的。

因此，用文学艺术为安全生产服务是一项意义重大而深远的事业。艺术家、作家只要稍为把创作的角度调整一下，突出安全生产的主题，具体可感的形象就会塑造出来，人们就有了艺术欣赏的对象，就会被形象所感染，作品中有关安全的要求就会潜移默化地成为人们整装的镜子和行动的准则。

大凡文学艺术作品都是描绘人世间的悲欢离合、喜怒哀乐的，这些都需要环境去衬托，放之于特定的事件当中，再辅之以合理而意外的情节描写和形象的刻画，人物的各种遭遇才真实可信，事件本身及作者借以传达的思想顿向才有感染力。事实上，人们的生离死别以及由此而生的离愁别绪、意外的伤害和事故造成的灾难，是许多艺术作品不可缺少的情节处理，这与现实生活是一致的，这就是许多感人肺腑、催人泪下的优秀作品所能达到的艺术真实的重要现实依据。例如曹禺作于1933年的悲剧《雷雨》，被誉为我国现代话剧的杰出代表。作品通过周、鲁两家前后30年的错综复杂的社会及伦理关系，写出了那个年代那种不合理的关系所造成的罪恶与悲惨结局，剧中人物死的死、逃的逃、疯的疯。就这样一部写重大题材的作品，在不同的人物命运的结局上，也用了一个与安全有关的情节，即鲁四凤与周冲奔出周家后因电线杆在风雨中倒了，电线被拉断掉落下来，一个触电，另一个去救也触电身亡。剧中这对男女青年在周、鲁两家复杂的纠葛中，其关系还算是最合理不过的了。周冲虽为资本家之子，但他具有进步思想，他要让四凤上学，他觉得人都是平等的；鲁四凤，佣人之女，自己也是周家的丫环，但她不满现状，也希望改变自己的命运。因此，这两个人物的感情与思想都有结合点，他们之间的关系是一种在不合理的环境里建立起来的合理关系。尽管如此，尽管他俩敢于冲出这不合理的环境，但无情的事故还是毁灭了他们。这样一件动人的故事，如果曹老先生换个角度，不就成了一部感人至深、给人启迪的安全文艺作品了。当然，曹老先生的立意不在这里，假如在这里，这部作品就不会有如此巨大的社会意义。但是，倘若我们用今天的认识来处理这个悲剧，也未必不能写出其社会意义。周冲和四凤在为世俗所不能容忍的黑暗状况下，敢于相爱，敢于冲破黑暗奔向光明，这是这两个人物最值得赞扬和同情之处，然而由于他们缺乏安全知识，不知怎样抢救触电的亲人，以致两人情未了就失去了年轻的生命。如果从这个角度来写，就揭示出故事在安全方面所蕴含的深刻的社会意义，就是说，一个人，无论你有多么美好的理想，多么伟大的抱负，多么善良的心胸，如果连安全常识都不懂，既不能保护自己，又不会保护别人，你怎么实现你自己的人生价值，真是那样的话，在社会生活中，就有你不多无你不少。

笔者举这个文学例子，是仅仅把周冲和四凤的戏抽出来单独分析的，目的是想说明生活中此类素材丰富得很，只是艺术家、文学家怎么运用，怎样选题的问题。如果选中了安全题材，照样能创作出震撼人心的作品，因为生活需要安全，生活又为安全文艺创作准备了丰富的材料，它是文艺工作者美不胜收的源泉，作家、艺术家们何乐而不为呢？

社会生活发展成今天这个样子，尽管还有很多难尽人意的问题存在，但总的来说是比过去好过多了，方便多了。对于好过的生活，人们都很珍惜，都希望能生活得健康一些，美满一些。近年来悄然兴起、风靡全国至今仍很火红的以"宫廷"命名的诸如药膳、滋补剂、营养液、天然花粉，还有"太阳神""生命核能"等大受世人青睐，再就是各地寺庙香火此盛彼旺，这些都是人们对今天生活的珍惜和安全意识的特殊表现，我们很难对此说长道短，但它给了我们一个可贵的启示，如果兴起有关安全健康的科普文艺创作，也一定会有繁荣的前景的。因为社会生活使人留恋，社会又毕竟还存在许多难如人意的问题，给人们的生活蒙上了阴影，人们只有千方百计地、正确地去解决它，才能永葆幸福的生活，文艺创作应该在自己的位置上尽一点责任，作为艺术家，此举不仅为别人，更为自己。

在这个问题上，目前很难形成共识，许多专业的文艺家对此也很陌生。这与文化的进步致使其本源的淡忘有关。就拿组成"艺术（藝術）"一词的两个汉字来说，"艺"字在金文里最有代表性的写法是"⚘"，像一个人拿着禾苗正在栽种，所以许慎在《说文解字》里把它训为"种也"，它是一个象形字，画的是一幅移栽禾苗的画，实际上就是一个劳动场面。"術"是一个形声字，声中兼义，由"行"和"术"二字组成，《说文解字》训为"邑中道"；"术"为"秫"之初文，《说文解字》训为"稷之黏者"，也就是指糯米的粘性强，与"行"会意，即表示固定不变的街道，后引申为不易丢掉的手艺，即技术。可见，"艺术"一词本指栽插禾苗的一种被人牢固掌握了的劳动技能，从这个词的构成分析中我们看到艺术与劳动的直接关系，这与马克思主义的艺术起源之说——"劳动说"——是一致的。由此推而广之，劳动之技能就是劳动之艺术；劳动技能水平之高低，就是劳动之"艺"成为"术"的程度之深浅，劳动一旦达到了艺术的水准，就说明劳动技能之高超；有了高超的技能，就有了劳动安全的保障。难怪今人常把个人的技能说成是"技艺""技术"或者"手艺"，把生产的物理或化学过程说成是"工艺流程"，把需要注意的环节说成是"工艺指标"；而我们对劳动者在生产劳动中提出的安全要求总少不了诸如掌握本岗位的工艺流程、熟悉本道工序前后的工艺流程、严格控制工艺指标的条文，这些都是保障安全的重要规程，一有差错，就会打乱整个工艺设计，改变工况，事故就会趁虚而来。按现今的说法，即人与机器的和谐相处，就是安全生产的实现。这又与罗丹当年所希望的"在一切职业中都应有艺术家，这样就可能造成一个可赞美的社会"是何等的一致。罗丹以驾车为例说："驾车艺术家，由于爱护他们的马匹，不撞踏路人而感到骄傲。"① 这与今之人与机器的关系正好有着相似之处。对人与机器的和谐之现实作文学艺术的再现，不就有了很有时代气息的安全文艺作品了吗？

而现实状况是，在许多文艺作品中即使有这方面的情节安排，也仅仅只是整个故事的某种结构需要而已，在创作中只是作为构成故事的一个普通材料来为主题服务，使故事多一些波折，多一段起伏，使主题更具感染力。

其实，文艺家对安全问题的不屑与在创作中的使用，都客观地表明了文艺家在安全问题上的不可回避。因为现实生活就那个样子，文艺作品又是对现实生活的再现与表现，不管你承认与否，它都会在你的思想上打下烙印，影响你的创作，在你的作品中留下痕迹，除非你在写天书，现实生活就会在你的作品里无影无踪。这是任何创作都无法摆脱的重要规律，在国内是这样，在国外也是这样。例如，日本有一部反映爱情悲剧的电影《生死恋》，作品给观众献上了一个非常动人的故事，在经过一系列的情节铺垫后，几乎使观众对男女主人公纯洁真诚的爱情羡慕得难以抑制内心的激动。但当夏子（女主人公）把日历的最后一格（预订的婚期）划掉的时候，实验室的爆炸夺去了她年轻的生命，赶回来的大宫（男主人公）看到的只是夏子的灵位。这给观众一个意外，这意外就是事故造成的，正是这个意外使观众由羡慕到为主人公惋惜并诅咒那可恶的爆炸。这部作品的作者压根儿就没有想到欣赏他作品的人竟会从安全的角度去剖析作品，因为作者的原意并不在此。但由于善于观察生活的作者把爆炸的发生在事前就留下了伏笔，把这一事故置于逻辑的必然性当中，这就使作品出现了一明一暗两个主题，明写爱情悲剧，暗写事故危害，二者联系紧密，既是生活的写照，又是科学的教材。可以这么说，倘使以这部作品为安全文艺的典范之作也是恰如其分的。因为在实验室爆炸以前，这里曾发生过失火现象，幸亏扑救及时没有酿成事故，当事人当即就挨了上司的耳光。这反映了管理的严厉性，但人群中总有一些冒失鬼和素质

---

① 参见《罗丹艺术论》第118页（北京：人民美术出版社，1987年2月第2版）。

低下不具备从事某项工作的资格的人混杂其间，这就是事故必然要发生的值得引起重视的方面。作品无意中提出了这个问题，并随着情节的发展让事态恶化，揭示出安全在现实生活中的重要意义。

再就是有些作者为了歌颂人的一种好的品格，一种高尚情操，一种始终不渝的忠贞，也用事故给人造成的伤残来反衬人物，为主题服务。例如电视连续剧《情寄老君山》里有个叫姜长浩的人物，因车祸致伤，肾脏坏死，生命垂危，此时他还怀恋着一个叫徐小梅的姑娘，而这个徐小梅姑娘已改名为柳眉，就在姜的哥哥身边工作。姑娘因为世俗的原因，在人们眼里是一个不好的姑娘，而当姜父受儿子之托打听到这个叫柳眉的姑娘就是姜长浩要找的徐小梅时，了解到的正是这个反映。然而在柳眉心里，也深深地爱着姜，经过一番周折，柳眉终于来到了姜的轮椅旁。作品没有描写车祸现场，观众只是从人物的对话和姜躺在医院的病床上这些间接的表现手法来了解事故的缘由。还有我国古代的文学名著《水浒传》，在第二十三回写武松打虎的故事时，作者把武松安排到一家挂着"三碗不过冈"的招旗的酒店里喝酒。只见武二郎三碗下肚还不解瘾，掏出大把银子让酒家添酒来，谁知酒家不为所动，只上肉不上酒。原来酒家以酒招为准则，处处为顾客着想，不为赚几个小钱致使顾客醉酒后过冈被虎伤害。作者的写作意图是为了塑造武松这个英雄人物的典型形象，但这里面包含了非常丰富的安全内容，首先是店家有强烈的安全意识，以"三碗不过冈"为经营原则；然后是武松没有喝醉，而这都基于作者本人对醉酒与误事的深刻认识。武松之所以成为为民除害的打虎英雄，与那个不知姓甚名谁的店老板的高贵品质不无联系；这里还告诉人们一个道理，一人得安全，众人来帮助，要解决安全问题，全社会不分彼此，人人都有义务和责任，只有这样，才能奏效。正因为如此，武松险而不危、打虎成功的故事才成为几百年来脍炙人口的佳话。日本电视连续剧《血疑》，写了一位叫幸子的姑娘由于一场事故受到"钴60"的辐射患了血癌，整个几十集片子就围绕着怎样救治幸子、怎样给幸子短暂的生命以最多的快乐展开叙述，故事生动感人，但因主题在歌颂人间真情，对事故的反感被淡化。

这些作品，或以事故作引子，或以事故作插曲，或以隐患作点缀，成功地塑造了人物，歌颂了人间的美德，但它们仍然不是以安全为主题的作品。然而，现实生活呼唤这样的作品，对现实生活本身，哪怕是直接地描摹就能成为这样的作品。当前，对事故高发，我们并不是没有预感，我们只是没有找到可以有效地遏制的办法，我们实际上面临着一场挑战，积极的应战也许能够在本世纪的最后几年改变文艺创作不景气的局面，使20世纪后半叶以来没有惊世之作问世的现状得以改变，严峻的现实就是历史为我们准备的条件。

只要我们留意，现实生活中有许多有"戏"的素材，稍作加工，就可成为艺术，成为文学。例如被北京人称为"黑色星期五"的隆福大火，一把火将隆福大厦烧得满目疮痍，几亿元资财化为灰烬。而造成如此巨大损失的原因及事故抢救中暴露的问题，几乎都有"戏"味，仿佛就是在"演戏"，而这"戏"的结局就是焚毁几亿资产。请看几个片断：

A. 在大厦外，一排坚固的铁栅栏，像一排威武的壮门神把守门前，它或许挡住了盗贼，却也挡住了消防车。

B. 大厦西侧出口处本来还算宽敞，却偏偏立着一块巨型广告牌，上写"欢迎您到隆福来"。这个"您"是谁？或许就是火神！

C. ……消防局共出动86辆消防车。然而，真正能冲上第一线的只有7辆！因为狭窄的通道使消防车无法容身。

D. 在大厦内最早发现火情的是两名卡拉OK厅的顾客。他们……大喊"着火啦！"隆福的值班员却认为是他们成心捣乱，对他们加以训斥，直至两人再次高喊，值班人员才赶到通道察看。

E. 北京市消防局每年的经费都十分紧张，……连进入火场必备的空气呼吸器都是10个人1个……隆福一把火烧了几亿，如果把这些钱追加到北京市的消防队伍建设方面，那将是一种何等喜人的局面！但可怜的是，一些领导人是"有钱买棺材，没钱买药"。

F. 就是在这种危机四伏的情况下，隆福的领导者们有的出了国，有的在北戴河休假。

G. 隆福的一位部门负责人曾感叹自己的企业"一直在极不正常的状态下正常运作"，认为是奇迹。但奇迹终于没有抵御这场大火。①

这就是隆福大厦被焚的部分情节，从中不难领略其特有的"戏剧"色彩。除此之外，"8·5"事故的发生和调查处理也有着类似"戏剧"的味道，从劳动部对这一事故的通报来看，认定该市公安局有两项责任：一是执法不严，

---

① 参见黄昕《隆福大火启示录》(劳动保护杂志1993年第10期)。

监督不力；二是该市公安局为下属公司控制化学危险品经营开方便之门。这两项责任是造成事故发生的重要原因，可是两位副局长又在指挥灭火中牺牲，这样，一方面是英雄，一方面又是责任单位的领导，多么富有戏剧性的结论。试想，像这样的英模再多点，中国的土地上就实在是太不安全了。再如李伯勇部长在中国劳动保护科学技术学会第三次代表大会上所讲的"怪"现象那样，"出了事没事儿"。李伯勇说，据了解，有些地方和企业出了事故，不仅领导者没事，就连责任者也没事，有的还调升新职，官还做大了。这些现象难道不是生活中的传奇和最有"趣"的戏吗？我们常常叹息当前的文艺作品没戏，乏味，可现实生活中这么多有戏有味的事件，怎么就不能为文学艺术所用呢？

以上是从反面论证了安全文艺创作是不乏素材的，接着再来看看正面，也就是安全工作做得好的例子。河北沧州化肥厂投产于 1977 年，连续 16 年事故为零，取得这样的成绩靠什么？按他们自己的说法是"钢丝走了十六载，只因系好'安全带'"。晋城矿务局百万吨死亡率连续 7 年达到国际先进水平，其中连续 7 年 0.5 以下，连续 5 年 0.3 以下，连续 3 年 0.15 以下。他们的体会是：把"安全第一"的方针不折不扣地贯彻到井下前沿阵地，做到了不安全不生产、不消除事故隐患不生产、无安全措施不生产。山东协庄煤矿 30 年无煤尘瓦斯爆炸事故。铁二局在完成世界第一大地下设施二滩水电站左导流洞施工中，竟无一人因工死亡，等等。这些都是值得颂扬的闪耀着安全文化光芒的先进事迹，都是安全文艺创作活动中取之不尽的生动素材，其中还有数不清的默默无闻地工作在安技岗位上的无名英雄，他们都是文学艺术作品中人物的生活原型。

在当前和今后的文艺作品中，安技工作者的形象能不能登上文学艺术的大雅之堂；在众多的艺术典型里，有没有安技工作者的形象，其形象的影响力能不能达到"林道静""杨子荣"等艺术典型的水平，是检验全民安全意识，民族安全水准的一项不可轻视的指标。


二、文学艺术的潜移默化作用


文艺源于社会生活，同时反过来在社会生活中产生重大作用。作为安全文艺，它源于社会安全生产与生活，并主要运用于安全教育，帮助劳动者提高对安全问题的认识，使之能够身心健康地从事各项社会活动。作品是作者对现实生活中安全问题的基本态度、看法以及思想倾向，这些态度、看法、思想倾向如果是正确的，那么它就借助作品传递给读者，达到影响读者、提高读者对安全生产与生活的认识水平和审美能力的目的。这些作用与一般的教科书不一样，不是靠说教来实现，而是靠形象去完成。正如高尔基所说："如果文学抱有教导的目的，它就应当用形象、事实来教导人，应当通过事件的对比，通过主要的感情和性格的冲突来揭示生活的意义和生活的矛盾。"

的确是这样，假如作品中描绘的事件是可信的，形象又是感人的，真实与感人紧密地结合在一起，作品中的人与事就使读者难以忘怀，并能引起读者的深思与探索：为什么会发生事故？某某人要不是因为事故就不会失去恋人，或者就不会患不治之症，怎样才能改变这些状况？这个事故本不该发生，就因为某某人盲目冒失。像这样具有发人深思、启人探索的力量的文艺作品，就会使读者不满足于了解过去，而且还会联系到眼前甚至未来，使读者震悟，激起改变现状、消除主观与客观的不安全因素的强烈愿望。季米特洛夫曾经说过："我还记得，在我少年时代，是文学中什么东西给了我特别强烈的印象。"接着他说，是车尔尼雪夫斯基的艺术作品使他养成了作为一个无产阶级革命家的性格、坚持力、信心和坚定精神。可见，文学艺术在社会生活中的巨大作用及对人的无比影响力。

再说，虽然科学技术发展到今天，人们已能识知事故发生的种种原因和懂得各种防治措施，例如不少专家学者对第四次事故高峰的来临是有准确的预测，并发出了预警的，但囿于现实国情，包括政治、法律、道德、文教、经济、传统及习惯势力、人们的价值取向以及一点也不夸张的愚昧心态等条件的限制，还难以形成全民一致的关注安全和劳动保护的局面。此时此刻，文学艺术的潜移默化作用就显得非常重要。

具体来讲，文学艺术的潜移默化作用有三个，一是认识作用，二是教育作用，三是美感作用。三者既相互区别，又互相联系，认识作用侧重在把经过集中概括了的现实生活，也即艺术的真实呈现在读者面前，帮助读者认识生活；教育作用则是把作者对现实生活的正确态度、思想倾向通过作品传达给读者，使读者从中受到教育和启迪；美感作用则侧重在给读者以娱乐的快感并激起人们心灵上的优美、崇高等美学反应。总的来说，这三大作用是一个整体，用"寓教于乐"来概括是最恰当不过的。它言简意赅地说明了文学艺术的认识和教育作用是通过美感作用来实现的。可见美感作用在文艺作品里是举足轻重的，这就是文艺作品之所以在达到认识和教育目的方面比任何科技著作容易的重要法宝。

下面，我们就着重讨论一下美感作用。

快乐、悲惨，这是两个最普通、最常见、最直观的同属于美学范畴的概念，是以安全为主题的文艺创作不可缺少的一对感性因素，这些因素若通过形象去体现，形象就成了美的载体，为主体审美提供了对象。随着人们对这些真实感人的美的形象的欣赏与认同，作品在社会生活中的其他作用也就会相应地表现出来，使社会按照美的规律去改造去完善。如同高尔基所说："人都是艺术家。他无论在什么地方，总希望把'美'带到他的生活中去。"

正是文艺有如此不可替代的特殊作用，近年来，许多劳动保护报刊都开辟了副刊或专设了文艺栏目，例如《劳动保护》杂志有"安全文艺"专栏、《上海劳动保护报》有"无花果"、《江西安全报》有"绿岛"、《警钟长鸣报》有"绿地"副刊。这些副刊和文艺专栏都在各自的读者群里坚持不懈地撒播着美的种子，试图通过安全与文艺的结合，使读者喜闻乐见，在娱乐和美的欣赏中完成普及安全知识，增强安全意识，提高安全生产与安全生活的水平。这些尝试无疑是有益的。

《警钟长鸣报》的"绿地"副刊已创刊近10年，到1994年已出了260多期，它的作者绝大数都是一线的安技工作者和业余文艺爱好者，他的读者对象也主要是生产一线的职工。尽管这个副刊还很稚嫩，但它已呈现出旺盛的生命力，深受一线职工欢迎。一线职工喜爱，这表明普通劳动者也渴望安全文艺，并愿意在文艺的熏染中提高自己的认识能力和思想水平，增强对现实生活中是非与美丑的判断能力。作为以服务安全为宗旨的《警钟长鸣报》，在满足一线职工渴求安全文艺这方面作了大量的工作。笔者在翻阅该报出的小说、诗歌专辑《绿地》一书时，发现还不乏好的作品。例如小说《殉情》，不仅写司机阿康肇事后趁黑夜无人驾车逃去，而被撞的正是自己的恋人阿秀；不仅写阿康的逃逸，致使阿秀未能及时得到抢救，阿康得知后"伤心"过度，随着阿秀的死去而死去；作者更含几分幽默，写道，"别人都说阿康得了相思病"，点明题旨，使一篇不到400字的短文顿然生辉，使读者读后百感交集，悲、叹、怒、恨尽涌心头，叹阿康阿秀英年早逝，悲阿秀当初错把阿康找，怒阿康的大逆不道，恨那漫水桥隐患为何没人整改。再如诗歌《安全带》，作品十分凝练，贴切地把"安全带"咏唱成"一根长长的脐带／一头连着儿子的腰间／一头系在母亲的心上"。还有气势磅礴的《我们安全员》，婉约多姿的《姑娘是位安全检查员》等，这些作品都是以真实感人的形象，让人们在对其作美的欣赏的时候，产生这样的联想，"安全"不仅关系到民族、国家、企业的命运，更直接关系到千家万户的幸福，盛满了可歌可泣的浓郁亲情；那一个个"熟悉的陌生人"使读者在他们中间找到了不同的感觉：伟大的、崇高的、快乐的、丑恶的、卑劣的、悲惨的、可笑的，这些感觉就是美感，美感的力量就是改变现状的"核能"。

文艺的形式是多样化的，除了上述的小说诗歌而外，还有美术、摄影、曲艺、灯谜、演讲等。这些年来，这类活动在各地十分活跃，如1993年巡回全国的"安全之声"大型文艺演出活动的开展，芙蓉矿务局团委为团员青年印制的有安全警语的文化衫，枣庄市开展了安全漫画大赛；1991年7月，中国化工劳动保护教育协作组西南西北片区还搞了一个规模较大的"幸福之光"美术、书法、摄影作品厂际联展，巡回西南西北各化工厂，受到广大职工的欢迎。一个小学生在留言簿上写道，"看了展览，盼望爸爸妈妈平平安安回家"；仅贵州有机化工厂的留言簿上就有1700余条留言。据了解，展览共收到近百位作者的作品，这些作者，有在国内外享有声誉的工人画家，有厂长、经理和党务工作者，还有生产一线的职工。他们本身就是劳动保护的对象和安全教育的对象，他们的创作不仅是自觉的，而且是自由的，创作本身就是一种自我教育形式进而达到教育别人的目的。这就造成了一个好的局面，人人都既是教育者，又是受教育者。展出期间，化工部部长顾秀莲、副部长贺国强，四川省和贵州省化工厅及劳动部门的领导参观了展览。正如联展的组织者在总结上写的那样，"筹办这样的展览，是利用艺术作品的感染力去完成安全宣传教育的任务"。

铁道部资阳内燃机车工厂于1993年11月14日实现安全生产4 000天，靠什么作保障？按他们自己的说法，靠"长年累月的安全文化建设"。这个厂有14 000多名职工，"东风4"内燃机车就是他们引为自豪的劳动成果。该厂有一位喜欢阅读世界文学名著的厂长和受其影响的管理层以及职工群体：他们可以在闭路电视里自编自演 4 集电视剧《警钟长鸣》；他们可以别出心裁地把劳保服装与时装表演结合起来，让职工了解工装的沿革并正确地使用工装；他们可以成功地举办以安全为主题的大型文艺汇演和文化夜市；他们演出的小品《拿钱买命》能引起台上台下齐声高喊"劳保皮鞋卖不得！"的创作与欣赏的强烈共鸣。由此可见马克思所说的"艺术对象创造出懂得艺术和能够欣赏美的大众"这句话的深刻与透辟，堪称永恒的美学规律，这又正好印证了王泰文厂长的话："文学是研究人的学问，企业管理的对象主要是有思想有感情的人，不通文学，就不通人学；不通人学，怎么做人的工作，怎么管好、办好企业。"

确实是这样，掌握了文学，就掌握了人学；掌握了人学，就懂得如何尊重人、爱护人、保护人。人的天性就是爱美的，需要美感，需要在身心愉快、无危无损的美的感受中去衡量自己的人生价值，进而去开发自己生命的潜能，创造出更高的人生价值。

在安全文艺的百花园里，"安全集邮"可谓是一朵新葩。四川什邡化肥总厂专职安全员谢朝华开了安全专题集邮之先河，他的由 60 个贴片、800 余枚票品组成的名为"安全——人类永恒的主题"的邮集已经面世。集邮，作为一种群众性较强的文化活动，可以丰富知识，培养人们的艺术鉴赏能力，与安全工作结合起来，又增添了新的功能，可以用于安全教育。谢朝华的邮集是从他在厂里的安全宣传橱窗里辟出的《邮票上的安全》这个小栏目开始的，由"新中国的安全工作""血的教训""井下安全""交通安全""化工安全""电器安全""冶金安全""建筑施工安全""金加工安全""安全警语""邮票上的违章"等 11 个部分组成，集艺术鉴赏、增长知识和安全教育于一体。最耐人寻味的是，这部邮集的结束语"安全——人类永恒的主题"，也是邮票组成的。它以国家的建设成就、天真可爱的儿童以及幸福的家庭等邮票画面来揭示一个简单而又深刻的道理：安全，是关系着国家经济建设成败和千家万户幸福的大事。如此丰富的内涵，都尽在不言之中，令众多的参观者拍案叫绝，赞叹不已。

总而言之，安全与文艺的结合，还有待进一步统一认识。但无论怎样，文学家、艺术家都应多多参与，以其生花妙笔为提高全社会每一个公民（艺术家也在其中）的安全素质，建立可靠的安全保障体系做些工作。因为文艺创作也是一项认识和研究工作，与其他科研工作的区别仅在于其思维方式不同而已。以形象思维为主的文艺创作，其作品是作者的科研成果，是作者思想和美的载体，它传递着作者的审美感知，使读者受到比实际生活集中得多的美的感染，并以愉快的心情接受搞好安全工作的种种要求。

### 三、对繁荣安全文艺创作的初步设想

安全与文艺的联系，一直处于若即若离的状态，没有形成气候，长期没有大作家、大艺术家的参与，很难出现按不同划分法分出的如"西部文学""特区文学""伤痕文学""军事文学""石油文学"那样的文学门类——安全文学，这同时又暴露出我国安全问题所得到的关注是何等地不够，就连以敏感著称的文学艺术家们都无动于衷，这无疑是具有悠久历史的、源远流长的安全文化在今世的一种失落，而这种失落又正是我们最忌讳失落的方面，因为它关系到国家和社会的稳定。从这个意义上讲，真乃民族之悲哀。

"文学是人学"，或者说文学艺术把作为"社会关系的总和"的人——人的生活、思想、感情、奋斗和愿望——当作认识和反映、描写和表现的对象，那么安全又是保护人的事业，二者具有密切的内在联系，前者是对人作艺术的再现，后者是对人作身心的保护，对象是同一的。换言之，安全直接关系到人的生存与发展，而且施受同一；安全给人带来幸福、健康，不安全给人造成悲剧，或死或伤或残，这些都可以为文艺所反映，成为生动可感的艺术形象；有了艺术形象，是非美丑尽在其中，人们会择其善者而从之。

因此，既要着眼未来，又要面对现实，安全文艺创作活动的倡导和开展要分阶段进行，每走一步，都必须扎下一个脚印。

首先，必须巩固原有的基础，守住阵地，扩充队伍，支持和鼓励基层举办企业、行业、地区性的书展、影展、邮展、演讲、组织文艺演出（歌舞、小品、曲艺），有计划地拍一些雅俗共赏的电影、电视，包括重大特大事故的专题片、评论分析片等；与此同时，由安全生产报、劳动保护杂志牵头，网罗全国的劳动保护报刊联合发起"安全文学"征文活动，通过活动，联络全国各地的著名作家参加征文活动，以此造一个声势，打下一个基础。然后，待机创建一个"安全文学奖励基金会"，为繁荣创作提供奖励资金，资金来源

可向海内外征集，企业、事业、个人、集体不限，谁出钱谁就是基金会会员，谁就永远是基金会本金的所有者。每一年评奖一次，设奖若干，以年息之全额兑现奖励，此举可能要适当借助行政力量实施。如此一来，不仅能有好作品问世，而且还会形成一支具有很高层次的创作队伍。此时，阵地太小的问题就会暴露出来，于是就可酝酿创办一个文学期刊，到那时，就不愁安全文学没有席位。在这个过程当中，还可考虑成立一个"安全与文学研究会"，由作家、评论家、出版家、报人、安全专家学者等组成一个以安全与文学为研究中心的学术组织。如此这般，千秋大业才算真正打牢了基础，此决非急功近利者所能为也。

(1993 年 10 月初稿于成都； 1994 年 6 月再稿， 10 月定稿于成都)

## 处女地的呼唤①

### ——为《安全文学》开创叫好

同对人间情爱的承认一样，几乎所有的人都承认：安全是人类社会永恒的主题。然而，遗憾的是，这一永恒的主题却被以研究人为对象的文学所遗忘，却被文艺家们所不屑，以致至今还没有叫得响的安全文学作品出世，更谈不上产生以安全命名的文学门类。

悲乎哉！安全这一永恒的主题却成了文学永恒的处女地。

《警钟长鸣报》首创"安全文学"专刊，它的意义不仅在于填补了文学的空白，还在于为世人关怀安全、尊重生命又添了新招。

这是本文刊在 1996 年 1 月 29 日《警钟长鸣报·安全文学》创刊号上的影印件

---

① 原载《警钟长鸣报》1996年1月29日第1版，署名"本报评论员 雅彦"。

文学源于生活，是生活的高度浓缩和本质结晶。安全，这一生活的基本内容，在过去的创作中也随处可见，因为它是作家们都无法回避的现实，有时还是作家们可能经历的遭遇；但它常常都被作为为某个主题服务的一般性场景或情节来对待，很少将其作为主题来提炼。例如日本电影《生死恋》中实验室的爆炸，曹禺话剧《雷雨》中四凤和周冲的触电身亡以及台湾电影《母子情深》等，这些在故事里都只是一段小插曲，或作引子，或作结尾。这还仅体现在一些具体的作品中，在整体的文学里，就连插曲也找不到一支。这就难怪安全问题所得到的关注长期达不到解决这一问题所应该达到的要求，所应该具备的人因条件。因为文学家们是社会问题的敏感之一族，安全问题是不可轻视的社会问题，文学家们都无动于衷，事故频发，你奈它何！

因此，开垦这块处女地，其意义不亚于当年哥伦布发现新大陆，也不亚于当今人类对艾滋病的宣战。

有学者认为，在当前和今后的文学作品中，安全工作者的形象能不能荣登文学正殿，在众多的艺术典型里，有没有安全工作者的形象，其形象的影响力能不能达到"林道静""杨子荣"的力度，是检验全民安全文化素养，民族安全水准的一项重要指标。这已经远远超越了对文学发展的考虑，更多的是对安全的忧患。安全人人需要，呼唤着文学的观照。

（1996 年 1 月稿于青白江）

# 古今中外安全文学之探①

安全文学与安全文化一样，从理论上讲，是新的概念，但实际上却早已存在，只是没有提到应有的理论高度去认识，从而进行开发、普及、提高而已。如果文学界的有识之士，能被我国事故多发的严酷现实所触动，文学就能够在提高全民安全文化素质方面，发挥积极的、不可替代的作用。

安全文学应该是文学的一个分支，它具有文学的通性。安全文学历史悠久，早在远古的口头文学中，安全文学的精髓就已渗透于神话传说之中。如"女娲补天""精卫填海""羿射九日"，这些传说故事虽没有人冠之以"安全文学"的称谓，却是负载着安全内涵的古老的文学形式。千百年来深受人民大众喜爱，其流传之广，影响之深，体现了安全文学源远流长和永久不衰的生命力。

《汉书·霍光传》里有一则"曲突徙薪"的寓言，原文为："臣闻客有过主人者，见其灶直突（烟囱是直的），傍有积薪。客谓更为曲突，远徙其薪，不者且有火患。主人嘿然不应。俄尔家果失火，邻里共救之，幸而得息。于是杀牛置酒，谢其邻人。灼烂者于上行，余各依功次坐，而不录言曲突者。人谓主人曰，'乡（倘）使听客之言，不费牛酒，终亡（无）火患，今谕功而请宾，曲突徙薪者亡（无）恩泽，其焦头烂额者为上客耶？'主人乃悟而请之。"可见这是一篇多么生动，而又富于教育意义的安全文学作品。

一直以来，各类事故多发，职业病蔓延，每年都以10万计的巨大数字吞食着我们同胞的生命，车轮下的亡灵每天超过200，有时一次矿难丧生者可多达百人，火灾事故更为惨烈，一次烧死两三百人的案例不是一件两件，空难、海难也不少见。让人痛心的是，频发的事故和职业危害，并非如"天倾西北，地陷东南"那样的天灾，而大多是人祸。人祸之最是"三违"，"三违"之根

---

① 参见徐德蜀、邱成《安全文化通论》第167－174页。北京：化学工业出版社，2004年。

是"文化"。非技术性犯规，非知识性违章几乎成了一种普遍现象。安全问题之紧迫，事故高发之难控，都显露出单纯技术管理之乏力。安全问题在一声紧似一声的呼喊"安全文化"，呼喊"安全文学"，许多有识之士在近几年的事故咏叹中咏叹出一个共识：借文学的功能，动鬼神、感天地，冶情操、发良知，厚人伦、敦教化，改习惯、移风俗。此举才是解决安全问题的治本之道。

正因为这样，《警钟长鸣报》编辑部与《劳动保护》编辑部才携手合作，发动广大业余作者和专业作家关注安全，掀起安全文学创作热潮，并在一报一刊开辟专版和专栏刊登作品。充分利用文学的三大社会作用（美感作用、认识作用、教育作用），唤醒人们的安全意识，提高人们的安全素质，促进各行各业安全工作的开展。

关于文学的认识作用（当然包括安全文学的认识作用），马克思在论及英国现实主义作家狄更斯时说："在自己的卓越的，描写生动的书籍中向世界揭示的政治和社会真理，比一切职业政客、政论家和道德家加在一起所揭示的还要多。"恩格斯则说，他从巴尔扎克的《人间喜剧》中所学到的东西，甚至比从当时所有的职业历史学家、经济学家和统计学家那里学到的东西还要多。为什么文学作品比专门家的说教和专门的教科书还能使人们更好地认识世界呢？因为文学是通过具体可感的艺术形象来再现生活，再现世界的。成功的文学作品不但具有情趣性，更具有真实性。它在帮助人们认识社会，认识生活，揭示世界，认识世界的真实性上，能发挥自然科学和其他社会科学所不能取代的作用。我们读了《三国演义》的小说原著，看了《三国演义》的电视剧之后，对比一下学过的相应的教科书，有哪一本能和那些再现的栩栩如生的群雄图景那样更使我们感到真实、亲切和震憾。成功的文学作品，不但可以使读者知道过去曾经发生过什么，而且还可以启发读者去做进一步的思考、探索。在思考和探索的过程中，联系现在，设想未来。在思考、探索、联系、设想中惊醒起来，振奋起来。惊醒和振奋能鼓起"实行改造自己环境"的愿望和决心。文学艺术的教育作用，列宁在赞扬《国际歌》及其作者欧仁·鲍狄埃时说的一段话具有深刻而深远的意义。列宁说："一个有觉悟的工人，不管他来到哪个国家，不管命运把他抛到哪里，不管他怎样感到自己是异邦人，言语不通，举目无亲，远离祖国——他都可以凭《国际歌》的熟悉的曲调，给自己找到同志和朋友。"许多优秀的革命文学作品，如高尔基的《母亲》，奥斯特诺夫斯基的《钢铁是怎样炼成的》，贺敬之的《白毛女》，杨沫的《青春之歌》，还有《红色娘子军》等，都曾对苏联、中国，乃至全世界的革命知识分子和工农群众起到过巨大的影响和鼓舞作用，许多人就是读了这类作品，直接受作品中人物的影响才走上革命道路的。

我国著名作家夏衍1936年写的报告文学《包身工》，就是安全文学的典范之作。作品反映了日本帝国主义在中国开办纱厂，借中国国内的封建势力，给中国工人制造人间地狱的罪行。作品通过对包身工极其恶劣的劳动、生活条件的生动描写，深刻地揭露了包身工制度这种特殊的剥削方式的罪恶内涵。中华人民共和国成立后，全国各地创作的以安全为主题的小说、诗歌、散文、戏剧、影视文学等不计其数。仅辽宁劳动安全电影摄制中心摄制的以安全为主题的故事片就有《祸不单行》《悔恨》《事与愿违》《真象大白》《灰魔》《暖流》《死亡启示录》7部；20世纪80年代以来，各省、市劳动部门、产业主管部门和国有大型企业劳动保护宣教中心或劳动保护教育室摄制的以安全为主题的录像片（包括电视剧、小品、文艺晚会和曲艺专集等）已达数百部。上述作品属于影视文学、科普文学、曲艺文学，又清一色地以安全为主题，自当列入安全文学的范畴。近年来，我国的影视创作十分繁荣，不少作品都把安全问题作为故事情节来安排，而且还出现了以安全为主题的电视剧。例如反映矿难和瞒报事故的电视连续剧《威胁》和《当关》。还有一些作品把生产生活中的发生的人身伤害作为剧情发展的重要内容，并贯穿始终。例如《爱在生死边缘》等。

在纪实文学里，也有作品把国内不断发生的重大事故作为写作题材，报道重特大事故及其原因背景的纪实文学有增加的趋势。如大兴安岭特大森林火灾发生后，就有一批报告文学和纪实小说问世，有些已单独成书。1993年、1994年分别发生在深圳、克拉玛依、阜新、吉林等地的震惊全国的3次特大火灾也不乏纪实文学的及时报道。例如《火祭清水河》《12·8克拉玛依大火纪实》《未尽的悲歌》等。单独成书的还有周仲明著的由西南交大出版社1991年出版的《悲剧，本可以避免》，该书收入《煤海悲歌》和《悲剧，本可以避免》两篇纪实文学，真实、生动地记述了发生在四川的两起特大事故的全过程。2004年，人民文学出版社出版了杨晓升著的《只有一个孩子

——中国独生子女意外伤害悲情报告》。这是一部长篇报告文学，是我国第一部对独生子女意外伤害问题的全景式采访，也是一部含泪带血、既饱蘸激情又有理性深度的长篇巨著。可惜，国内像这样的以安全为主题的中、长篇小说太少，而小说实乃文学之主要样式，然而如前所述，这并不等于我国不存在安全文学。

在国外，许多工业发达国家很早就采用了电化教育手段对雇员和公众进行安全方面的培训教育和宣传，这里面也少不了发挥文学的作用。此外，在国外确实有不少以安全为主题的文学作品。在电影方面，如上世纪六七十年代放映的英国电影《冰海沉船》，罗马尼亚电影《爆炸》，基本上是以真人真事为基础创作的，其中再现与《冰海沉船》同一事件的电影《泰坦尼克号》，在九十年代风靡全球。这部电影在尊重事件真实性的前提下，大胆虚构了一段在世俗眼里是不该发生的浪漫爱情，并用一场因沉船而造成的空前毁灭，来为这段爱情奇遇合乎逻辑的划上句号，使艺术的真实与生活的真实巧妙结合，增强了感染力。日本电影《生死恋》，电视连续剧《血疑》，或将事故作为爱情悲剧的结尾，或将事故作为人间真情的由头，都生动感人。尽管作品的主题并非安全，但仍能激起人们对实现安全的诸多思考。

在小说创作方面，发表于1951年的苏联小说《第一个职务》的主人公是个大学刚毕业走上安全技术岗位的女青年技术员，作者是曾获斯大林奖金的著名作家谢·安东诺夫。发表于1984年的美国小说《摩天危楼》的主人公是位博学多才、机智勇敢、富有正义感和责任心的中年工程师，号称美国头号事故侦探，作者罗伯特·伯恩是上世纪50年代毕业于土木建筑系的工程师、杂志编辑兼作家。罗宾·库克著的《血癌疑踪》发表在1987年，主人公是癌专家马特尔博士，其妻子患白血病去世，女儿又因此病濒于死亡。他发现病因是某厂将致癌物质苯倾入河中，于是四处奔忙控诉无效。因为一家大公司的黑手在后面控制着一切。他本人反遭警察追捕，最后举家迁往远方。《摩天危楼》和《血癌疑踪》都曾是美国的畅销书。

震惊世界的切尔诺贝利核泄漏，是人类和平利用核能的最大事故，是20世纪的最大的工业灾难之一。发表于1988年的苏联长篇纪实小说《核泄漏惨剧》，翔实地描述了它的发展过程。作品赞扬消防队员奋不顾身、忠于职守、英勇抢救，斥责官僚主义者在人民处于严重核辐射之下时无所作为的拖延、塞责，不积极采取措施，还沉痛地叙述了全城人民被迫仓促地背井离乡的疏散行动。作者是苏联《文学报》记者尤里·谢尔巴克。他写道："我刚完成了小说《原因和结果》，这部小说描写在实验室工作的医生与危险的传染病——狂犬病进行斗争的故事，尽管小说的几个细节很吸引人，但当我到了切尔诺贝利之后，小说家在我的记忆里立即黯淡了，落到了远远的'和平时期'里。一切都被切尔诺贝利吞没了。它就像一块巨大的磁铁，一下子吸引了我，使我激动，迫使留在被扭曲的'危险区'里，想着事故和它的后果，想着医院里正在死亡线上挣扎的人和在反映堆旁试图彻底认识核魔的专家、技术人员。对于这场给人民带来深重灾难的核事故，我不能充耳不闻。""我并不认为这篇纪实小说是对切尔诺贝利核事故最彻底的报道，我还将继续收集资料，准备完善这部小说。""与卫国战争一样，要对核电站事故做出完整的描写和总结那是未来的工作。无论哪一个目睹事故发生的记者或作家都不能在今天彻底完成这项庞大、复杂的工程。我相信，一部描写切尔诺贝利的长篇历史小说将来总有一天能与大家见面，但这样的小说需要有新的写作手法，至少与写《战争与和平》或《静静的顿河》不同。"由此可见，尤里·谢尔巴克是那样满怀激情的去写以安全为主题的小说，还指望在这方面有人能写出像《战争与和平》或《静静的顿河》那样的作品来呢。由于我们对国外安全文学的见闻极为有限，但仅从这些介绍中也可看出，外国作家、记者写以安全为主题的小说，而且还能成为畅销书，这也是客观事实。

文学不仅具有认识作用，教育作用，更重要的是，文学具有美感作用。文学的美感作用反映文学作品能够给人以情绪的激动和感觉的快适，给人以精神的满足和心情的愉悦。美感是文学社会作用的核心，文学的认识作用、教育作用都因为美感作用而发生，都统一于美感作用这个核心，并通过美感作用表现出来。一部缺少艺术感染力，不能给人以美的享受的作品，是不可思议的，是谈不上认识作用和教育作用的。因为读者阅读文学作品，首先是为了获得美的享受，不能使读者获得美的享受的作品，读者就没有阅读的兴趣，文学的认识作用和文学的教育作用，只有通过文学的美感作用才能实现。我国自古提倡"寓教于乐"，这和古罗马文学家、文艺理论家贺拉斯在两千年前提出的主张不谋而合。这主张正确地概括了文学的认识作用、教育作用和美感作用三者的密切关系。

安全文学作品，也应以美感作用为核心。不能搞成安全规章制度的说教和安全技术的图解。既然叫文学，就要具备文学的特点。首先要让读者获得美的享受，在享受美的同时提高认识，受到教育。安全文学作品不必硬贴上"安全"的商标，也无需开口闭口尽讲安全，只要能使读者从中受到启迪，悟出安康之道就成。人类社会发展到今天，科学技术的进步，给人类带来了幸福，也带来了灾难。火车汽车方便了交通，却不断上演"车轮下的悲歌"，塑料工业的发展给人类生产生活带来了许多新材料，但白色污染却日益严重，原子能造就了核工业，但同时也孕育了核灾难，近年来假药、假酒、有毒豆浆和牛奶，就连我国文明程度最高的上海市，市民平均每天食用7个垃圾肉丸，还有建筑质量问题，等等，无一不与安全有关。而今，中国各种各样的、全国性、地方性、行业性的安全法律法规、制度章纪之多，不比哪国逊色；然而，各类事故的多发却是哪国也不敢与之相提并论。这使我们认识到，"安全文学"大有用武之地。

以文学特有的功能，宣传群众、教育群众、陶冶群众，提高全民族的安全文化素质，让"坐不垂堂"的警惕不仅是"千金之子"的自我保护意识，而是全体国民的安全素质。这就是安全文学的任务。

值得一提的是，许多作家还寄语《警钟长鸣报·安全文学》。如中国作家协会会员，中国微型小说学会理事凌鼎年说："安全是一种素质，安全是一种责任。安全既关乎国家，又关乎企业，也关乎个人。唤起全民安全意识是篇大文章，作家有责任用文学的形式为安全鼓与呼。"中国作协会员孙方友说："生产：安全第一。人生：平安是福。"作家马宝山说："安全，对于人类如空气、水、食物一样重要，可是安全问题时时被人们忽略，而忽略安全的结果是：流血，甚至失去生命……让'安全文学'提醒人们，注意安全！重视安全问题!!"女作家马月霞说："生活告诉我们，'安全第一'。用文学形式提高人们的安全意识，非常必要。我喜欢读'安全文学'，我愿意为'安全文学'写稿。"作家吴金良苦说："'安全文学'之所以重要，乃因为我们这个世界上还有许多不安全因素，以'安全文学'提醒大家时时注意生活和工作中的安全问题，于世事、于人生是大有益处的。所以，'安全文学'不管你喜欢不喜欢，她都是要存在并且要发展壮大的。这一点，不以人的意志为转移。"作家墨白说："'安全文学'仿佛是一个新概念，实际在我们以往的文学作品中早都渗透着安全问题，水灾、火灾、车祸……在我们的生活中、在我们的身边时刻都可能出现。我们的生命是短暂的，但我们都渴望让自己、让自己的亲人和朋友，让世间的每一个人都生活得好好的，我们都希望我们的人生有一种安全感，那么我们的文学也就不可能回避这些，这就体现出'安全文学'的意义。"

# 悲剧美与行为美①

——读《安全帽上的遗书》


没有埋怨、没有反感，只有难舍的骨肉亲情和经济交往中未了的你拖我欠。作为一名井下矿工，特别是一个在事故中没有立即死去，甚至没有肉体伤害而又在黑暗中深知死期将至的矿工，聂清文②有足够的时间来考虑他所面临的一切；让人料想不到的是，聂清文的精神世界充满积极性，纯洁、质朴、通达、善良，难能可贵，可歌可泣；而成为这一精神之载体的安全帽，堪称是当今千千万万中国矿工精神生活的不朽写照，同时也是这一群体物质生活的准确反映。尽管他们活得十分艰辛，物质生活的层次还很低，且每日都在险境中劳作，但他们遵循常伦、诚信互助、行为高洁、超凡脱俗，令人感叹。

这顶记载着矿工美德的安全帽的发现，纠正了世人对矿工的许多成见与偏见，还原了矿工的形象，把世人与矿工内心的距离拉近了。什么愚昧、无知、冒险、蛮干，什么要钱不要命。非也！真实的情况是：迫于无奈，为了简单的生存；穷则思变，为了做人的尊严。从聂清文能写出这份遗书的事实可见，聂也受过教育，有着良好的个人习惯和与社会提倡相吻合的道德品质。大家知道，对人的精神世界的形成有终生影响的教育在启蒙阶段，而聂所受教育的程度，大概也就停留在启蒙阶段。但聂所受的那段教育与我们每一个人没有本质区别，都是一个模子铸造出来的。按照我们这个社会所设计的启蒙教育内容，设计者与教育者已将"美好"与"崇高"这些精神种子，根植

---

① 参见《中国安全生产报》2003年5月31日第8版，原稿题为《物质与精神的背反》。

② 聂清文，38岁，湖南省娄底市涟源七一煤矿安监员，两个孩子的父亲、70岁父亲的儿子。2003年4月16日下午5时50分，井下发生透水。正在当班的聂清文与15名矿工困在井下。4月22日，被困6天6夜(150小时)的15名矿工的遗体被找到(还有1具失踪)，他们全都是窒息死亡。在临死前，聂清文用随身的粉笔，在安全帽上留下了一封遗书，全文如下："骨肉亲情难分舍，欠我娘200元，我欠邓曙华100元，龚泽民欠我50元。我在信用社给周吉生借1 000元，王小文欠我1 000元，矿押金1 650元，其他还有工资。莲香带好子女，孝敬父母，一定有好报，我一定要火葬。"

于包括聂在内的全体人民的灵魂深处。这就是表现在聂身上的具有典型意义的悲剧美加行为美的主观因素，也是这顶安全帽之所以引起强烈反响的原因。这顶安全帽已经不是简单意义上的，仅具单一功能的安全帽了，从它固有的功能和它所承载的信息来看，或许能引起人们从文化层次上作具有实质意义的深刻反思。

首先，应对矿工人格以及他们的生命个体给予绝对的尊重，依法为其创造良好的劳动条件。聂清文们虽然没有抱怨，没有流露对社会的不满情绪，但这决不能成为世人尤其是社会管理者不屑一顾或不作自检的理由。其实，聂清文们的精神生活已高于物质生活，其肉体生命被事故否定，在相当大的程度上，是为了让物质生活与精神生活同步，而他们精神的永存已在世人的关注与反思中得到证明；相反，那些没有物质之忧的人，却在精神生活方面远不及这些矿工，这可从诸多的草菅人命的事例及麻木的管理者的行为中找到证据。

其次，这是一个具有审美价值的悲剧。从聂清文的身上，我们看到了下层老百姓生活在丰富的精神世界与匮乏的物质条件的矛盾之中。正如前面已谈到的，因为现在我国城乡的劳动者与上流社会的人，虽存在地位悬殊，但都有过相同的接受同一内容之基础教育的经历，而这个阶段的教育对世界观的形成起了决定性的作用。像聂清文，他并没有生活在他期望的，在青少年时代就已经灌输给他的美好之中，但他却保持着因受基础教育而获得的美好心灵，即使生命已到了本不应该结束的最后时刻，也无丝毫改变。人生理想与现实的躯体毁灭形成强烈反差，悲剧之美油然而生。[在这点上，聂清文能与文学形象梁三喜（《高山下的花环》）媲美。来自农村，家有妻儿老母，处境贫困的解放军连长梁三喜，在反侵略战争中献出了生命，身上唯一的遗物是一张被热血浸染了的欠账单。]

再次，其行为之美更让人肃然起敬。聂清文留在安全帽上的信息，为我们展现了他符合美的标准的行为之美。因为这些信息充分体现了一种好的社会关系，或叫做具有先进文化特质的文明风尚，一直为我们这个社会所倡导，此其一。其二，他将这种行为以特异的方式，用特定条件下的特殊载体，把符合社会规范、体现精神文明标准的行为表达了出来。

因此，我们每一个以安全事业为己任的各个层次的工作者，都应从这件令人心灵振憾的事故遗物中发现美的东西，用以净化自己的灵魂，在日常工作中倍加珍惜聂清文们怀着美好心灵的物质生命个体，并为此而不懈努力，使生命之树常青。

（2003 年 5 月稿于北京安贞里）

# 第四叠

安全文化概念辨析

# 超越狭隘　走出自我①

## ——关于安全文化的议论

这是本文刊在 1996 年
第 1 期《劳动保护》杂
志上的影印件

①　原载《警钟长鸣报·安全文化》1995年6月26日第1·8版；参见《劳动保护》1996年第1
期第24—25页。

自从倡导安全文化以来，不少有识人士在探讨、传播方面作了许多有益的努力。但安全文化到底是什么？至今仍是百家争鸣，众说纷纭。尽管各执己见，莫衷一是，却从一个侧面表明了人们对安全文化的关注，这就是安全文化建设的重要的社会基础。我们知道，要搞好安全文化建设，必须首先解决认识问题，必须树立全面的观点，绝不能只是单纯地从文化的规范体系这一要素着眼去片面地理解安全文化，去给安全文化下定义，认为安全文化只是安全价值观和安全行为准则的总和。这种只抽取部分要素来谈建设安全文化的思路，在实践中是一种残缺不全的急功近利的作法。仅此，对现实安全文化建设的影响就够大的了，再加上用孤立和静止的观点去看待安全文化的倾向一直存在，它可能导致的影响就几乎可以说是危害了。

文化，是一个历史范畴，安全文化也不例外。在人类历史进程的各个阶段，都得到了安全文化的照顾，甚至从人类开始制造工具的那一刻起，安全文化就产生了。倘若把这一点都忘记而大谈"安全文化"是"工业文化"，或者是仅存于"工业社会的管理型文化"，那么，人类宁愿不要工业社会。因为这分明是在告诉人们，只有工业社会才存在危害人的安全问题，人类为了解决这些问题，才在这个历史阶段创造了安全文化。人们不禁要问：这符合历史事实吗？

工业社会是人类历史的短短一瞬，在工业社会以前，人类并没有生活在太平世界里，低下的生产力使人类面临的生存威胁相当严重，这就是安全文化产生的主客观条件。如果说"核安全文化"是"工业社会的管理型文化"，这还无可挑剔，这是按安全文化产生的时代背景和应用范围来说的，但不能笼统地将"安全文化"说成是"工业社会的管理型文化"。

文化是一份社会遗产，是一个连续不断的动态过程。这个过程的任何一个阶段，任何一个时期的文化都是从前一个阶段或前一个时期继承下来并增加了新的内容。继承并不是以往文化的全部，继承一些，舍弃一些，增加一些，才形成一定时期的文化。例如工业社会以前的安全文化主要体现在克服自然物给人类造成的危害；工业社会期间的安全文化除仍需要克服自然危害以外，还增加了克服人造物给人带来的危害和人为的自然灾害这些新内容。因此，安全文化与整个人类文化一样，是一个不断地继承和更新充实的过程，不能用孤立和静止的观点去看待安全文化。抱残守缺、固步自封不行，完全否定传统安全文化也要不得，这是谁也不可能做得到的。

有人也承认文化是指人类创造的物质财富和精神财富的总和，但就是不承认工业社会之前以及管理文化、工业文化、经济文化之外涉及主体安全的人类所为及所造之物是安全文化。他们说："安全文化是人类文化的一个组成部分，显然它既不能包括人类全部文化，也不能超出安全的概念。"试问，就连涉及安全的人类文化都不能被安全文化所包含，又怎么可能将全部人类文化包括进去呢？

当然，也许人们会说，既然安全文化是一种社会历史性存在，为什么过去又没有人提过呢？这自然涉及一些具体的社会问题，实际上就是在经济体制转型的过程中事故高发，难以遏制的原因问题。这仅仅是管理上的原因吗？过去的管理全都不行了吗？即使有了高水平的管理，如果没有高素质的管理人员接受，管理又能怎样？等等、等等，这些问号使不少人苦思冥想，人们终于发现，应从更广泛的方面去努力，应有一个在共性上较为稳定并能在一定程度上超越时空的对策，才能形成安全保障。文化的特征符合这一时代要求，于是人们就提出了建设安全文化的种种设想，这无疑是跨世纪的呼唤，也是现实的呼唤。

但由于事故的统计数据所反映的多为工矿企业的安全问题，这很容易成为人们重视的焦点。于是狭隘的安全文化观便应运而生，导致认识的片面性和割断历史的倾向出现。这种倾向在社会上给人的印象就是赶"时髦"，大有"文化热"之嫌。认为：安全文化是工业社会的一种管理型文化，属于工业文化，也属于经济文化，并只强调它的法制属性，仅仅把它当成一种管理模式。这种把安全文化简单化的看法实际上就是只在过去和现在人们司空见惯的安全作法上扣一顶文化的帽子，缺少深层次的内涵揭示，难怪令人有赶时髦之虞。

但是，只要我们走出狭隘，我们就可以坚信，安全本身就是一种文化，它是自成体系的，从内部构造看，是有着构成它的丰富的文化元素的。例如工业安全管理就是这种文化的一个元素集合，或叫做工业安全管理集丛；我国现行的"企业负责，行业管理，国家监察，群众监督"安全管理体制，就是一种一定时空的安全管理文化模式，安全文化就是由各种用于解决安全问题的文化模式构成的。所以，我们怎么能用一个文化集丛，一套文化模式来概括这种文化的全部呢？甚至还以某种文化集丛来命名这种文化，这实际上等于否定这种文化的存在，使之成为别的文化。

（1995 年 6 月稿于香城新都）

# 遵守思维规律　确保思想不紊①

我们说话，写文章，主要是为了表达和交流思想，思想能不能准确无误、清晰明白地传达出去，除了应有驾驭语言的一般功力而外，最为重要的便是思维要具有确定性，具体而言就是概念，判断的使用在一个思维过程中一定要遵守同一律，以免出现逻辑问题。目前，在安全文化的传播方面，吾等尤其应该注意这个问题。

笔者前不久读了一篇讨论安全文化有关问题的署名文章，感觉到文章的作者在概念和判断的使用方面就有大意之处。该文以安全文化的归属为中心议题，为了论证安全文化仅存于工业社会，属于工业文化，是工业社会的一种管理型文化这个观点，作者着重用了两个概念，即："安全文化"和"安全学科"，以此来证明"安全文化"和"经济文化"，并下判断称"安全文化是工业社会的一种管理型文化"。在这里，我们用不着去分析这些概念之间存在着把交叉关系当作属种关系和全同关系的毛病，只以把"安全学科"这个虽与"安全文化"相关但并不相同（二者是包含与被包含关系）的概念不加区分地当成全同关系混淆在一起为例来看，还不说它不仅没有正确地反映客观世界，就违反思维规律这一点讲，既扰乱了读者的思想，也拆散了作者自己精心营造的思维框架。

须知，我们讨论的是安全文化问题，并不是在讨论什么学科，更不能用一个"学科"所涉范围之大小来论证这种"文化"的范围之大小。因为"文化"是科学的母体，某种文化发展成为以这种文化为基础的科学，并不是这种文化的全部，何况"学科"还只是指一定的科学领域或一门科学的分支。基于这样的认识，我们来看："一切都属于安全，实际上安全这个学科自己属于一切学科，也就没有了安全自己特有的内涵，安全自身就失去了存在的必

---

① 原载《警钟长鸣报·安全文化》1995年11月27日第1·8版。

要。"在此,姑且让我们对诸如"安全"还是"安全学科""一切"还是"一切学科"这些很不确定的说法持一种忽视的态度,仅就"一切都属于安全"之说作个透视,作者把"安全"看作是一个属概念,把"一切"当成种概念。试问,迄今为止,还有没有别的人把"安全"存在于人类社会的"一切"活动之中这个意思表述为"一切都属于安全"?此其一。

其二,"安全的确与人的一切活动相关,但不能把这种相关混淆为包含",此话大谬矣!同理,不能因为安全文化与管理文化相关,就说它是管理型文化,因为它还具有非管理性;也不能因为它与工业社会相关,就说它属于工业文化,因为它不仅存在于工业社会。

安全作为一种社会文化现象,它广泛存在于人们的社会生活中,它是只与人的存在有关的一种存在。由于只与人有关,它的存在当然就是一种文化存在,这就是安全文化作为一个概念形成的主客观原因。但是,安全文化的普遍性与广涉性表明的仅仅是事物的普遍联系这一辩证唯物主义观点,并不等于是告诉人们:一切都属于安全文化,也不等于"一切都属于安全",更不等于"一切都属于安全学科"。因为安全是这种事物本身,而安全学科是以这种事物为研究对象的学术,是安全文化的精华部分。

在倡导安全文化,研究与传播安全文化的实践中,千万不要人为地设定框框,或以个人的知识结构去贸然地下定义,造成定义过窄或过宽的逻辑错误。要知道,当今世界,天灾与人祸频发,谁敢说导致它产生的原因就单纯的只是人为或者只是自然因素,或在具体操作中只在事故现场和所在单位找原因。也正是因为事故原因多元化、复杂化,才提出了弘扬与建设安全文化的迫切要求;也正是因为提出了建设安全文化的跨世纪的倡议,才吸引了不少非安全专业的人员参与,正如云南大学中文系高宁远教授所言:安全文化比安全技术更容易形成人人参与安全事务的局面。对比之下,倘若我们依然还以狭隘的管理和纯技术的眼光看待安全文化,并以这样的思路去建设安全文化,那么我们就用不着去如此苦苦地求索。事实上,安全文化建设方兴未艾之势已揭示出了一个最简单而且朴素的道理,即:过去的做法不够用了。

(1995 年 10 月稿于青白江畔)

# 看法有异难免　思维无矩易乱①

——与赵秉信同志商榷安全文化

读了赵秉信同志反对倡导安全文化的文字②（详见《警钟长鸣报》1996年6月24日第6版）后，总有一种越读越糊涂的感觉，兴许是因为笔者与赵同志之间存在着语言差异的缘故，才对其所表达的思想难以领会。要不是赵同志开篇就白纸黑字地写着这样几个字样——"我反对倡导安全文化"，笔者还以为他是在为安全文化的倡导作支持性论证呢。

笔者的这一感觉是纯语言性的，尽管如此，也必然涉及思维问题，因为任何思维都是用语言进行的，作为思维结果的思想也是用语言表达的。在此，且不说赵文所表达的思想正确与否，仅从作者的"混乱的思维影响了工作、生活和休息"的不良状况中可见问题的不容忽视。赵秉信同志为自己建造了一座摇摇欲坠的思维框架，这样的思维框架是不能托起一个无懈可击的思想的。

不过，在许多实际工作者对倡导安全文化所表现出的冷漠中，赵秉信同志能长期关注，并率先以文字方式旗帜鲜明地表明其反对意见，这是值得欢迎的。但愿是赵同志的疏忽大意才没有能自圆其说，才使自己陷入自相矛盾的逻辑深渊。现以赵文为据，分析如下：

1. "文化是集合概念，包括各科科学、文学、艺术、风尚、习俗等。"按赵同志所开列的文化清单，还不说在文学、艺术、风尚、习俗中早就存在安全的内容，就说"各科科学"吧，"安全科学技术"已被列入学科分类代码的国家标准之中，其代码为"620"。试问，这算不算各科科学之一？如果算，安全科学技术是不是文化？

2. "科学是文化的结晶"，赵同志的这一看法是正确的，既然如此，作为

---

① 原载《警钟长鸣报·安全文化》1997年1月27日第4·5版，署名"雅彦"。

② 浅谈我对安全文化的看法。参见本文附件。

科学之组成部分的安全科学也应是文化的结晶。

3. "管理……是科学的组成部分",这是赵文在针对"'安全文化'不如称'科学安全管理'更为精确"时所作的补充说明。这句话显然表明了"管理也是文化"这个意思,因为"管理是科学的组成部分",而"科学"是"文化的结晶"。具体讲,"科学安全管理"是安全科学技术的组成部分,自然就是安全文化的结晶体了。"科学"与"管理"是整体与部分的关系,形式逻辑告诉我们,"科学是文化的结晶"与"管理不是文化的结晶"这两个判断是既不能同真、也不能同假的矛盾关系,二者必有一假,可赵文却把二者同真了。

4. "文化……直观表现在科研成果、文艺作品、音乐、生活习惯等。"试问,"科研成果"包不包括安全的科研成果,如果包括,安全科研成果亦应是文化的直观表现,且不说存在于文艺、生活习惯之中的安全事物。

5. "……科学安全管理,它是现代文化的一个组成部分,但不是全部内容。"此话很对,但科学安全管理是现代文化的哪一部分,赵文没有解释;笔者认为该是现代安全文化这一部分。由于是一部分,当然不是全部;不仅如此,现代安全文化还只是整个安全文化的一部分。赵文还说,"我们不能称历史安全。"以此推想,如果将来有人要编撰"安全史"或者要在"安全科学技术"学科内再建立一个二级学科"安全史学",都是大逆不道的啰。赵文进一步论述道:"文化反映的是现在和过去,而安全是反映的现在和将来,表现现在和将来有无危险,如何躲避灾害……过去为求得生存所采取的措施是否完善和有效我们不得而知……"赵同志在证明"文化反映的是现在和过去"时,只用了他所说的能够直观表现文化的"一部作品""一首歌曲",能够使人"想到"或"看到"的某个时期人们的生活、工作等;但笔者要说,可能赵同志所看到或想到的某个时期人们的生活、工作都是绝对安全的,不然为什么他会想不到人们在过去是怎样征服自然、战胜灾祸的史实呢?这些常识问题无需赘言。值得一提的是,赵同志为什么要回避他所说的文化的直观表现的另一方面——科研成果呢?事实上,寓在安全文化里的科技成果也能够使人看到或想到过去是怎样有效地躲灾避险的。这一点,证明了"安全是反映的现在和将来"的判断有失遗漏。常识告诉我们,古代的科技成果和工程设施在安全方面的意义是最为突出的,例如《天工开物》所载的关于采煤的安全技术措施和排放瓦斯的方法，应该说当时是有效的；再如至今都还在发挥作用的都江堰水利工程，谁有理由怀疑它在 2 000 多年前的可靠性呢？这些都能使人联想到或看到当时人们是怎样安全的生活和工作的。而赵同志却认为对过去求得生存所采取的措施是否完善有效不得而知，真不知缘由是何？关于这一点，有一位历史学家的说法可以给人以启示："中国的历史实际上就是一部水利史。"难怪在《中国文化史》（柳诒徵著）的开篇中就重重地写下了有关洪水和治水的史实。

也许这些都不足以说明问题，我们还是回到赵同志所批评的国际核安全咨询组给"安全文化"这个概念所下的定义上来，因为这个组织所下定义当否，丝毫不影响安全文化的客观存在与人们对它的研究和倡导。给概念下定义的规则是"种差加属"；定义的准确与否与对概念的内涵揭示宽窄有关。而且受人的认识程度和认知能力的影响，但不影响概念本身能不能使用，相反在使用中还会得到进一步的检验而充实和发展。赵同志在文中也用了"矿区文化"这样的概念，笔者认为，他在给"矿区文化"下定义时，也一定会遵循定义规则的。

总而言之，安全文化无论从构词形式还是从这一事物的客观存在看，都是不难理解的，绝非赵同志所说，是"因为无法表达思想就任意组词"之故。

笔者认为赵同志也太大意了一点，竟然在同一思维过程中首尾不一，相互否定，严重违反了矛盾律，既然否定安全是文化，就不要用大量的笔墨去说安全是文化。通读赵同志的文字，全篇找不到一处能巩固其观点的材料，这样劳神费力，等于在反复叨念一句话："我反对安全文化，我说不出理由，反正我反对。"但是，赵并不是逻辑的外行，因为他在文中也使用了不少逻辑术语，所以笔者愿就此与赵同志商榷，难免不妥，请赵同志和众专家批评。

（1997 年 1 月稿于香城新都）

附：

# 浅谈我对安全文化的看法①

编者按：近年来，在安全问题越来越突出、越来越广泛存在的现实背景下，人们或为了多一些安全对策，或为了寻求更为可靠的安全保障，纷纷作了许多有益的探索。"安全文化"的倡导就是这诸多探索的成果之一。关于这一点，仁者见仁，智者见智。本报今天全文发表赵秉信先生写的《浅谈我对安全文化的看法》一文，以期一石激起千层浪。望广大读者，作者赐稿赐见，字数以1000字为宜。（此为这篇文章编发时编辑部的按语）

当前，报刊、杂志站在改革的前沿倡导各种文化，文化市场一片繁荣，安全工作也不甘落后，有关人士提出了"安全文化"。关于"安全文化"各执一词，各说各有理，在理解的问题上大费脑筋。混乱的思维影响了工作、生活和休息，作为一名煤矿工人，我反对倡导"安全文化"。

文化：人类社会历史实践过程中所创造的物质财富和精神财富的总和。

安全：指没有危险。安：这里指没有对国家、集体和个人的物质财产和个人对可能构成威胁的事件有完善、行之有效的预防措施。

我们使用一个概念，就要明白这个概念的含义。概念包括内涵和外延。概念的内涵是指概念所反映的对象的本质属性，反映对象的质；概念的外延就是指概念所反映的对象，反映对象的量。文化是集合概念，包括各科科学、文学、艺术、风尚、习俗等。它是一个集合体的概念。安全是单独概念，它的外延是单个事物。我们的先人创造了汉字、词组和语言，后人得以沿用和承袭。但是，我们的先人在创造汉字、词组和语言的时候也付于（赋予。原编者注）了它一个准确的含义，没有这个准确的含义，我们对一个事物就没有共识，对于一个指令，我们会无所适从。可以肯定地说：字、词组和语言

---

① 原载《警钟长鸣报》1996年6月24日第6版。此文对安全文化的宣传传播持不同看法，作者为赵秉信。

是先人留给我们的文化遗产。科学是文化的结晶，是精神财富和物质财富的结果，"科学文化"是这个词公众都能接受。但是，安全和文化内涵和外延有大有小，它自身的定义又有区别，反映的事物和内容不一样，牛头对马嘴，它俩联姻合理与否不言自明。

第二，我们要提高认识。接受一个新事物一个新概念首先从感觉、知觉和表象来认识它，如果我们要利用它形成理论，还有待于去粗存精，去伪存真，上升为理性认识。由感性认识上升为理性认识，经验变成理论，还必须进行创造性的想象和思维。《警钟长鸣报》《劳动保护》《西山安全》都曾发表文章倡导安全文化，说明现代安全文化（Safety Culture）概念是国际原子能机构（IAEA）在1986年针对苏联"切尔诺贝利核电事故"科学分析后提出的。1986年国际核安全咨询组（INSAG）给安全文化下的定义是："安全文化是存在于单位和个人中的种种素质和态度的总和，它建立了一种超越一切之上的观念。"并列下图予以解释（图略。原编者注）

以上安全文化的定义中有几个不清楚的方面：1. "安全文化是存在于单位和个人中的种种素质和态度的总和"。素质自身包括心理素质和身体素质。其中身体素质包括健康状况和体力状况；心理素质包括功能素质和人格素质。"安全文化"的"种种素质"确切指哪些素质？2. "态度总和"，态度是心理活动的综合体现，由认识、情感和意志三种相联系的部分构成。"种种素质"和"态度总和"就等于"安全文化"？3. "它建立了一种超越一切之上的观念"，观念有世界观、人生观、价值观等。安全文化的观念与其他观念是否处于同一平面，不处在同一平面又超越哪些观念之上？基于以上三点，"安全文化"不如称"科学安全管理"更为准确。管理上至国家的国民经济与上层建筑，企业管理的人、财、物到个人的工作与思想，它是一个完整的体系，是科学的组成部分，这个提法从感性认识到理性认识，我想更多的人会接受。

第三，文化是生产力和生产关系的总和，它最直观表现在科研成果、文艺作品、音乐、生活习惯等。我们可以从一部作品，一首歌曲，看到或想到某个时期人们的生活、工作等，它反映了某个时期的文化背景，我们称为历史文化。这如同我们站在河床里根据卵石的大小、形状，来推测以前的水位、流量。而安全是工作和生活的一个组成部分。过去生产力低下，没有系统阐述安全管理与科学，我们能理解。现在，随着生产力的发展，人类为了更好地生存与发展提出了科学与安全管理，它是现代文化的一个组成部分，但不是全部内容。我们不能称历史安全。文化反映的是现在和过去，而安全是反映的现在和将来，表明现在和将来有无危险，如何躲避灾害，这是人类在征服自然，改造自然过程中求得生存的本能之一。过去为求得生存所采取的措施是否完善和有效我们不得而知，但我们考虑最多的是现在和将来如何躲避灾害与危险，争取现在和将来在时间上相交但又有差异，组合在一起，我认为没有一个准确的定义。

我们因为无法表达思想就任意组词，这势必引起思维的混乱。国外的文化与我们不一样，我们喝茶、品茶称茶文化，国外人因喝牛奶品牛奶而叫"牛奶文化"吧！洋为中用，我们不能走形而上学的老路子。前代领导人提出建设矿区文化的口号，矿区文化反映矿工的精神风貌、世界观、价值观，讴歌真善美，鞭挞假丑恶，矿工无私奉献勇于进取的精神多数人是知道的。矿工是一个特殊群体，有着自身的价值取向，从矿工的言谈、歌曲、文艺作品，不难看出他们的行为动机，如何正确把握职工思想导向是企业改革的关键所在，领导一言一行对职工产生深远的影响，思维的混乱不可能产生良好的动机，也就不会有高尚的行动。可以肯定地说，社会前进的动力在于遇到困难就解决困难，实际工作中应加强学习充实自己，不能矮人看戏，亦不能如鲁迅先生在《答曹聚仁先生》中写的那样：譬如"妈的"一句话罢，乡下是有许多意义的，有时骂人，有时佩服，有时赞叹，因为说不出别样的话来。先驱者的任务是在给他们许多话，可以发表更明确的意识，同时也可以明白更精确的意义。

总之，上述几个观点是我长期以来的几点见解，既然提出"安全文化"这句口号或许还有更精深的理论体系，错误之处在所难免，期待更多有识之士给予教益。

# 本无需争　争更知本 ①

## ——关于倡导安全文化所引起的争鸣的结束语

《安全文化》作为以这种文化名称命名的专刊自三年前问世以来，接踵而至的便是对这种文化存在与否说法不一，因而对我们创办这个专刊的看法也就难免褒贬不一。去年6月，承蒙山西作者赵秉信同志的厚爱，是他率先赐文反对倡导安全文化。本刊立即抓住这个时机，及时地发表了赵秉信的《浅谈我对安全文化的看法》一文，并同时配发编者按语和稿约，以期引起争鸣，接着就陆续在数10篇来稿中选登了10余篇有一定代表性的来稿。需要说明的是，我们本想多登些支持赵秉信同志观点的文章，但这些来稿中仅有两篇是支持赵的，而且其中一篇还只能勉强说是支持赵的。这无疑让我们有些失望，面对这种情况，我们又连续两次发出稿约，可仍然不如所望。看法一边倒，就不能形成争鸣的气氛，因此，我们打算从本期起，结束长达8个月的"争鸣"稿约。当然，这并不等于说我们今后就不再争鸣；相反，我们将以更为合适的形式将倡导安全文化的是是非非深入地探讨下去，继续以"求实"的态度把"求是"作为我们工作追求的目标，更好地为人民的安康事业服务。

"争鸣"就要结束了，我们想针对在争鸣过程中遇到的一些应该注意的问题作一个简要的回顾，权作是对广大参与者及广大读者的一个交待。

大凡讨论问题，都要碰到概念的使用问题，如果对概念及其内涵的认识有异，就会发生论战。这次关于"安全文化"的争鸣也不例外。赵秉信同志反对倡导安全文化，就是基于他对安全文化这一概念的认识和理解与这种文化本身的客观存在性不能统一而产生的一种观点。他首先从语词的构成入手，认为"安全"与"文化"是不能合成为一个词组的，并称这二者的结合是一

---

① 原载《警钟长鸣报·安全文化》1997年3月31日第4·5版。

种因不能表达思想而任意组词的现象。其次是根本不承认安全作为一种文化存在所依托的时间结构，而只是在空间结构上找到了"科学安全管理"这一存在。再次是在论证进行中不遵循思维规律。关于这些，请参见雅彦同志写的《看法有异难免，思维无矩易乱》一文（《警钟长鸣报·安全文化》1997年1月27日第4·5版）。

应该引起重视的是，赵秉信同志的观点不是孤立的，但遗憾的是述诸文字的不多。编者案头仅有两例，虽不足为证，也值得一提，这就是《科学安全管理提法有道理》的作者以"支持安全文化的大多是些安全的外行，真正长期从事安全工作的内行支持者甚少"为理由，反对倡导安全文化。甚至在"安全文化"与"安全科学技术"之间划等号，说"安全不成为一门科学技术，就不可能产生安全文化。"还有作者虽不反对安全文化，但也觉得这个提法不妥，主张改用"中国现代安全文化"之提法。这些观点的出现都是因为不同的思维习惯使然，其正确与否是显而易见的。所以，我们不能因为争论而耽误了安全文化建设。

安全文化作为一种客观的社会存在是不受人们的承认与否所左右的，也不会受表达这一存在的概念的有无所影响的。概念的有无影响所及主要表现在有关这一文化的弘扬与发展上，由此可见有总比没有好，虽然它会因为时空不同有所不同。因此，我们不能把人们对这个概念的争议作为倡导安全文化的障碍。所幸的是，通过争鸣，我们更有信心把传播安全文化的这个专刊办好，办得更有特色。

我们还是一起来重温一下几位来自企业的作者对安全文化的议论，并请他们以其独特的见解来为这场争鸣划上句号——

庄明德（湖北东风汽车公司）：人的素质、素质反映在安全工作上，其实质就是安全文化的修养问题。我们在分析事故时，总感到人的素质、安全意识上存在问题，可就是没有把安全工作作为一种文化工作去看待，没有把"三违"行为看成是人的安全文化修养不够。企业中多数"三违"行为用法律、经济、行政手段是难以制止的，因为很多都属伦理道德范畴。

智阳（山西临汾监狱）：时代的发展要求我们切实弄懂安全所涉及的政治、经济、管理、法学、科技、教育、哲学、预防医学、职业病等领域的理论与实践问题，由此可见，安全工作的确是一门文化含量很大的学问。

杨重工（云南个旧市某矿山）：不能用"科学安全管理"取代"安全文化"来处理问题，因为诸多的主观与客观因素与安全有关，其中的不少客观的自然因素与管理无关，"科学安全管理"的提法有局限，而且"安全文化"可包括科学技术、管理技术、伦理道德、民风民俗等各方面的内容，故更为可取。

文化是人类社会历史实践过程中所创造的物质财富和精神财富的总和，人类是在追求安全的过程中和获得安全时才创造了物质和精神财富并推动社会发展。

智阳：譬如说音乐，谁也不否认它是文化，但它的最初出现仅仅是为了驱赶野兽，以保自身安全；美术也依然源于氏族部落为驱鬼神、保安全而涂抹的符咒……

龚成君（重庆望江厂）：安全是伴着人类生产和生活活动而产生，并随着生产的发展而不断完善的。人们现在所使用的操作规程，事故防范措施就是根据过去的有效措施及经验总结出来的，而不是凭空杜撰的，因此有"条条安规血写成"之说。所以称过去采取的措施是否有效我们不得而知，不符合实际情况。

杨重工：对！现在和将来的安全都必然打上历史的烙印。

（1997 年 3 月稿于新都桂湖）

# 安全文化传播中的常见问题举要①

自从警钟长鸣报社与中国劳动保护科学技术学会联合创办《安全文化》专刊以来，笔者就一直在传播"安全文化"的这个岗位上工作，深知不少专家学者及报刊同仁在研究与传播安全文化方面所做的艰苦努力，同时也了解到不少或褒扬、或贬抑安全文化的种种看法。这当中有来自一般读者和以安全为职业的实际工作者的，也有来自对安全文化研究有一定影响的专家学者的。其中比较突出的有代表性的看法概括起来有这么几点：

第一，不承认安全是文化现象，指责安全文化的研究者和传播者把安全与文化连缀成词，是一种仅具广告意义的包装行为，一种提法上的哗众取宠，纯系外行所为，是赶文化热这一潮流。这种看法将安全文化的传播等同于商业行为，甚至说安全文化这一概念之所以产生是因为人们无法表达思想而任意造词的缘故。

第二，承认安全文化，但仅仅把它视为一种宣传教育形式，或者认为安全文化是一种工业文化（或管理文化、或经济文化）。

第三，动不动就讲国外怎么怎么的，文化一词，英文怎么表述，日文怎么表述等等，好像安全文化与中国无关；或者认为安全文化是当代人的一种创造，否认安全文化在时间结构上的历史渊源。

这三点，前者来自一般读者和实际工作者，后两者来自一些安全文化的传播者和研究者。后两者的观点是前者看法形成的重要原因之一。因为后两者的观点其根源在对安全文化的时空结构不清楚，不是割断历史的静止的看待安全文化，就是孤立的局部的看待安全文化，形成残缺不全的片面的安全文化观。这很容易对一般读者产生误导，进而使一般读者对安全文化产生怀疑，甚至鄙夷安全文化的研究者和传播者。这是我们今后的研究工作所必须

---

① 原载《劳动安全与健康》（中国安全文化推进计划专家座谈会论文集），1997年8月。

引起注意的，也是传播工作者要注意识别的。

我们曾对《警钟长鸣报·安全文化》专刊的每一篇来稿进行过认真研究，从中发现那些倡导安全文化的反对者的思想根源，也在于从传媒中接受了，或者部分地接受了安全文化的观点。例如，"安全不成为一门科学技术，就不可能产生安全文化"。尽管这样的表述本末倒置，致使一般读者轻视安全文化，实际工作者鄙视安全文化；但同时也表明他们在不自觉中接受了安全文化。

结合传播实践中发生的上述问题，山西一位作者给编辑部来稿，开宗明义，反对倡导安全文化。他首先从语词的构成入手，认为"安全"和"文化"是不能构成一个词组的，并称这二者的结合是一种因不能准确表达思想而任意造词的现象。其次是根本不承认安全作为一种文化存在所依托的时间结构，而只是在空间结构上找到了"科学安全管理"这一点性的存在。四川一位作者以"支持安全文化的大多是些安全的外行，真正长期从事安全工作的内行支持者甚少"为由，反对倡导安全文化。甚至在"安全文化"与"安全科学技术"之间划等号。但这些作者都没有能够使自己的反对意见无懈可击。有例为证：

一、"文化是集合概念，包括各科科学、文学、艺术、风尚、习俗等。"按照这一文化清单，还不说文学、艺术、风尚、习俗中早就存在安全的内容，就说"各科科学"吧，"安全科学技术"已被列入国家标准"GB/T13475—92（学科分类与代码）"之中，其代码为"620"。试问，这算不算"各科科学"之一？如果算，"安全科学技术"是不是文化？

二、"科学是文化的结晶"，反对者的这一看法是正确的，因此，作为科学之组成部分的安全科学也应是文化的结晶。

三、"管理……是科学的组成部分"，这是反对者主张将"安全文化"改称为"科学安全管理"时所作的补充说明。这句话显然表明了"管理也是文化"的意思，因为"管理是科学的组成部分"，而"科学"是"文化的结晶"。具体讲，"科学安全管理"是安全科学技术的组成部分，自然就是安全文化的结晶体。在这里，"科学"与"管理"是整体与部分的关系。形式逻辑告诉我们，"科学是文化的结晶"与"管理不是文化的结晶"这两个判断是既不能同真，也不能同假的矛盾关系，二者必有一假，可反对者却把二者同真了。

四、"文化……最直观地表现在科研成果、文艺作品、音乐、生活习惯等。"试问,"科研成果"包不包括安全生产方面的科研成果,如果包括,安全科研成果亦应是文化的直观表现,且不说存在于文学艺术和生活习惯之中的安全事物。

五、"……科学安全管理,它是现代文化的一个组成部分,但不是全部内容。"此话很对,但科学安全管理是现代文化的哪一部分,反对者没有解释,我们认为该是现代安全文化这一部分。由于是一部分,当然不是全部;不仅如此,现代安全文化还只是整个安全文化的一部分。反对者还说:"我们不能称历史安全。"以此推想,如果将来有人要编撰"安全史"或要在"安全科学技术"学科内再建一个二级学科"安全史学",都是大逆不道的。反对者进一步论述道:"文化反映的是现在和过去,而安全反映的是现在和将来,表现现在和将来有无危险,如何躲避灾害……过去为求得生存所采取的措施是否完善和有效我们不得而知……"反对者在证明"文化反映的是现在和过去"时,只用了他们所说的能够直观表现文化的"一部作品""一首歌曲",能够使人"想到"或"看到"的某个时期人的生活、工作等;但我们要说,可能反对者所看到或想到的某个时期人们的生活、工作都是绝对安全的,不然为什么会想不到人们在过去是怎样征服自然、战胜灾祸的情形呢。值得一提的是,反对者为什么要回避自己所说的文化的直观表现的另一方面——科研成果呢?事实上,寓在安全文化里的科技成果也能够使人看到或想到过去是怎样有效的躲灾避险的。这一点,证明了"安全是反映现在和将来"的判断有失遗漏。常识告诉我们,古代的科研成果和工程设施在安全方面的意义是最为突出的。例如《天工开物》所载的关于采煤的安全技术措施和排放瓦斯的方法,应该说在当时是有效的;再如至今都还在发挥作用的四川都江堰水利工程,谁有理由怀疑它在2 000多年前的可靠性呢。这些都能使人联想到或看到当时人们是怎样安全的生活和工作的;而反对者却认为过去为求生存而采取的措施是否完善有效无法得知,无法证实。真不知缘由是何?关于这一点,有一位历史学家的说法可以给人以启示:"中国的历史实际上就是一部水利史。"难怪在《中国文化史》(柳诒徵著)的开篇就重重地写下了有关洪水和治水的传说与史实。

上述诸例,如果不加以识别就予以传播,势必产生误导,而这些例子,又确系误导所致。我们曾特别注意，并研读过一篇讨论安全文化的署名文章，发现作者有许多大意之处，编者又不小心就编发了，一时间出现了不小的风波，我们不能低估其误导作用。该文以安全文化的归属为中心议题，为了论证安全文化仅存于工业社会，属于工业文化，是工业社会的一种管理型文化这个观点，作者着重用了两个概念，即"安全文化""安全科学"，以此来证明"安全文化"属于"工业文化"和"经济文化"，并下判断称"安全文化是工业社会的一种管理型文化"。在这里，我们用不着去分析这些概念之间存在着把交叉关系当作属种关系和全同关系的毛病，只以把"安全科学"这个虽与"安全文化"相关但并不相同的概念不加区分地当成全同关系混淆在一起的例子来看，还不说它不仅没有正确地反映客观世界，就违反思维规律这一点讲，既扰乱了读者的思想，也拆散了作者自己精心营造的思维框架。

需要注意的是，我们讨论的是安全文化这个大问题，不是在讨论什么学科，更不能用一个"学科"所涉范围之大小来界定产生它的这种文化的范围之大小。因为"文化"是科学的母体，某种文化发展成为以这种文化为基础的科学，并不是这种文化的全部，而是其精华部分，何况"学科"还只是指一定的科学领域或一门科学的分支，其范围十分有限。基于这样的认识，我们来看："一切都属于安全，实际上安全这个学科自己属于一切学科，也就没有了安全自己特有的内涵，安全自身就失去了存在的必要。"在此，姑且让我们对诸如"安全"还是"安全学科"，"一切"还是"一切学科"这些很不确切的说法持一种忽视的态度，仅就"一切都属于安全"之说作个透视。作者把"安全"看作是一个属概念，把"一切"当作种概念。试问，迄今为止，还有没有别的人把"安全"存在于人类社会的"一切"活动之中这个意思表述为"一切都属于安全"？此其一。

其二，"安全的确与人的一切活动相关，但不能把这种相关混淆为包含"。同理，不能因为安全文化与管理文化相关，就把它限制在文化的制度层次上，就说它是管理型文化，因为它还具有非管理性；也不能因为它与工业社会相关，就说它属于工业文化，因为它不仅存在于工业社会。

安全作为一种社会文化现象，它广泛存在于我们的社会生活中，它是只与人的存在有关的一种特殊的社会存在。由于只与人有关，它的存在当然就是一种文化存在，这就是安全文化作为一个概念形成的客观原因。但是安全文化的普遍性与广涉性表明的仅仅是事物的普遍联系这一辨证唯物主义观点，并不等于告诉我们，"一切都属于安全文化"，也不等于"一切都属于安全"，更不等于"一切都属于安全科学"。因为安全是这种事物本身，而安全科学是以这种事物为研究对象的学术，是安全文化的精华部分。

再就是静止地看待安全文化，其误导作用也很大。我们知道，文化，是一个历史范畴，包含于它的安全文化也不例外。在人类历史进程的各个阶段，人类都得到了安全文化的照顾，甚至从人类开始制造第一把工具的那一刻起，安全文化就随之产生并照顾人类了，倘若把这一点都忘了而大谈"安全文化"是"工业文化"，或者是仅存于"工业社会的一种管理型文化"，这分明是告诉人们只有工业社会才存在危害人的安全问题，人类为了解决安全问题，才在这个历史阶段创造了安全文化。人们不禁要问，这符合历史事实吗？

工业社会是人类历史的短短一瞬，在工业社会以前，人类并没有生活在太平世界里，低下的生产力使人类面临的生存威胁相当严峻，这就是安全文化产生的客观条件，我们要尊重历史。如果说"核安全文化"是"工业社会的管理型文化"还无可挑剔，这是按安全文化的这一集丛产生的时代背景和应用范围来说的，符合时间文化层的划分原则，也体现了文化的继承性和积淀性。因此，不能笼统的将"安全文化"说成是"工业社会的一种管理型文化"。

文化是一份社会遗产，是一个连续不断的动态过程。这个过程的任何一个阶段，任何一个时期的文化都是从前一个阶段或前一时期继承下来并增加了新的内容。继承并不是以往文化的全部，继承一些、舍弃一些、增加一些，就形成一定时期的文化。例如工业社会以前的安全文化，主要体现在克服自然物给人类造成的危害；工业社会期间的安全文化，除了仍要克服自然灾害而外，还增加了克服人造物给生产作业带来的危害和人为的自然灾害等新内容。因此，安全文化与整个人类文化一样，是一个不断继承和更新充实的过程，不能用静止的观点去看待安全文化。抱残守缺、固步自封不行，完全否定传统安全文化也要不得，这是谁也不可能做得到的。但我们至今仍然没有摆脱这种认识的阴影，我们还必须下很大的力气来改变这种现状。遗憾的是，虽然研究在深入，但传播力度却显得不足。

（1997 年 5 月稿于青白江畔）

# 怎样理解安全文化[①]

由于人们的思维、认知、价值观、政治经济地位及所处环境的差异，对安全的认识和理解会有所不同，各自形成的安全观也有差异；加之长期以来对文化的定义众说纷纭，给大家在理解安全文化的问题上增添了难度。因此，只有在有关文化的科学理论的指导下，对文化的来源、文化的流变、文化的层次、文化的系统、文化的内涵和外延有深入的研究；同时对安全事物及以此为研究对象的安全学科，特别是大安全观有透彻的认识和理解，才能正确理解安全文化。简而言之，要正确理解安全文化这个概念，必须从两方面入手，首先要弄清文化是怎么回事；其次是要明白什么是安全，特别安全与人的关系。

## 一、关于文化

在以单音节词表达意思的古汉语里，没有"文化"这个词。在中国古代典籍里，"文化"也不是一个现成的双音节词，它是由"文"这个象形字和"化"这个指事字复合而成的。"文"画的是一个正面人形，据有关专家考证，最早的字形，其上半部包围之处中心部位有刻纹，也就是古人在其胸脯刻保护神（图腾）或心爱之物的图案，类似现在所说的纹身（藏身避邪术），是一个象形符号；若以此作动词，就是纹身的"纹"的初文，若以此作名词，就是文章、文字的"文"。当时这个字的书写还没定型，但正面人形这一基本框架变化不大，只是上半部的刻纹不统一，难怪一个"文"字，在金文里，人们收集到的写法就有 15 种之多。通过对"文"这个字的来历和意义构成的了解，我们不难看到，"文"字是对当时具有安全意义的巫术仪式这一人类行

---

[①] 参见徐德蜀、邱成《安全文化通论》第25－34页。化学工业出版社，2004年6月。

为所作的形象记录。

"化"字，按笔者恩师温少峰先生的解说，是把一个侧面站立和一个倒立的人形画在一起，即由"亻"和"匕"组成，其中"匕"是倒立的"人"字的变形，这种组合符合指事造字法的反形表意原则，所指之事为人在翻跟斗，也即人体姿势不断改变的情形。由此"化"的意义已显而易见，但南宋教育家朱熹（1130—1200）对"化"的字义有更为精确恰当的解释。他在为《周易》作注时写道："变者，化之渐；化者，变之成。"用现在的话来说，变，指的是事物处在量变过程；化，指的则是事物已达到质变。可见，"化"是变的结果。

文化，就是"文"的结果，而"文"，又是人为了安全所进行的巫术活动，及其这一活动的历史遗照。所以，文化，就是人化，就是人类适应自然和驾驭自然已成现实。以上是从文字的角度来认识"文化"的；再看中国现存最早的哲学著作《易》，是怎样把这两个字联系起来使用的。在这部经典著作的《贲卦》里，有一段文字对人们一定会很有启发，即"观乎天文，以察时变；观乎人文，以化成天下"。此处的"人文"，是从"文"的纹理意义演化来的，借指社会生活中人和人之间的各种关系，如君臣、父子、兄弟、朋友、夫妇、翁婿等纵横交错、结构复杂的人际关系，其网络结构如同纹理一般。所以，"人文"是指人伦的序列；天下呢？今之社会也。天下因人而成，因人的秩序而成，因人的意志而成；天下是人的天下，因人伦教化而处处充满人性。

现代汉语中的"文化"一词，本源于拉丁文的 cultura，其义是指由人为的耕作培养、教育而发展出来的东西，是与自然存在的事物相对而言的。最早把文化作为基本概念引入社会学的，是 19 世纪英国文化人类学家爱德华·泰勒。他在 1871 年出版的《原始社会》一书中，对文化（cultura）作了描述性定义：文化是一种复杂体，它包括知识、信仰、艺术、道德、法律、风俗以及其他从社会上学得的能力与习惯。自此之后，随着人类学、社会学、民族学以及心理学的发展，"文化"逐渐成为这些学科的一个共同范畴。与此同时，围绕着文化的涵义开展了种种讨论，而且至今未绝。有人偏重文化的观念属性，把文化界定为观念流或观念丛；有人倾向于文化的社会规范作用，把文化视作不同人类群体的生活方式，或者共同遵守的行为模式。美国学者认为文化几乎包括全部的社会生活；德国学者则偏重于社会精神方面；苏联和东欧学者大多把文化视为一种复杂的综合现象，其中苏联学者还把文化分为广义文化和狭义文化。广义文化指人类活动的全部成果，包括精神文化和物质文化；狭义文化指人的创造性活动（科学研究、艺术创造等）及其成果。有认为，文化是环境的人为部分。狭义的文化是指政治、法律、道德、哲学、艺术、宗教等社会意识形态及与之相适应的社会制度和组织机构，如政府、政党、社团、法庭和学校等。

也有人提出"文化是价值观念与行为规范的集合"，还有人侧重从继承关系上来定义，认为文化"是人类社会的物质生活及精神生活通过社会的传衍而来的要素"。

保加利亚学者斯托伊科夫和戈拉诺夫认为：文化包括人类创造的一切东西和满足人们物质和精神需求所必须的一切东西，同时还包括人的全部发展即人的能力、需求、素质和天赋。美国文化人类学家林顿认为：文化是由教育而产生的行为和其行为结果所构成的综合体，它的构成要素为这一社会成员所共有，而且加以传递。英文 culture 的含义是指精神、文明、修养、教育、陶冶、德育、培养、耕作、人工培养。

中国人对文化也有各种解释。文化一词在汉语中含义是很全面的，《辞海》对文化有三条注释：其一，从广义来说，指人类社会历史过程中所创造的物质财富和精神财富的总和。从狭义来说，指社会的意识形态，以及与之相适应的制度和组织机构。其二，泛指包括语文知识在内的一般知识。其三，指中国古代封建王朝所施行的文治教化的总称。

文化是某类独特现象的名称，即那些依赖某种心理能力，特别是依赖人们称为"符号活动"的人类心理能力的运用而形成的事物和事件的名称。具体地说，文化由实物（工具、器皿、装饰品、护身符等等）、行为、信仰和态度所组成，它们都通过符号而发挥作用。文化是人类在生存斗争中所使用的一种精致的机制，一种超机体的方法和工具的体制。

从动物学的观点来看，文化是人类这一特殊种族的生命过程得以绵延不断的手段。它是一种向人类提供生活资料，进攻、保护、防御、社会规划、宇宙调节以及娱乐的机制。

文化是社会遗传的一种形式，它是一个连续的统一体，一系列超生物、超肉体的事物和事件，它随着时间的推移而世代相传。文化是一种持续的、累积的、进步的事件。

文化有许多属性，就横向而言，民族性是最主要的，文化作为精神创造物，只要民族没有消亡，文化的民族性是文化的根本属性；就纵向而言，时代性是最主要的，时代感的差别表现为文化的盛衰和变革。至于文化的传承流变，则有进化、播化和涵化三种现象。所谓进化，就是文化的持续发展；所谓播化，就是文化通过人类的交往而传播开来；所谓涵化，就是经过与异质文化的冲突、交融而后的更新，即边缘文化。

可见，文化包括人与自然、人与社会和自身三方面的内容。中国古代文化在人与自然方面，强调人与自然的和谐，不把自然看作是一种异己力量；在人与社会方面，强调人际关系的和谐，提倡互尽义务。在人自身方面，强调内心世界的和谐，提倡对人的欲求予以道德的节制。孔子"仁"学的发明，其主旨在天人万物之和谐。"和为贵"（《论语·学而》）是中国古代文化中最有影响的人生格言。中国古代文化，条条大路通《易经》，《易经》中关于世界的本源之说，就是某种圆形的胚胎——太极为图象，阴与阳在循环运动中彼此过度，互为因果，两者之间的最佳联系状态为圆形，圆形显示着对立两极的相辅相成。这是和谐精神的生动图解。而《易传》所谓"天行健，君子以自强不息；地势坤，君子以厚德载物"，又是对和谐这种精神的简要概括，和谐就是自强不息，奋发向上；和谐就是厚德载物，兼包并蓄。《荀子·王制》说得好："和则一，一则多力，多力则强，强则胜物。"所以，灿烂的中国古代文明，居世界前列长达数千年之久。当然，在人类历史进入到农业社会之时，中国文化趋于与自然过于和亲的方向，征服自然的意识被削弱，致使以自然为对象的科学研究未能得到充分的发展；在社会人事领域，过分倡导容忍、安分、知足，鼓吹社会价值永恒地无可争辩地先于、大于个人价值，严重压抑了个性的发扬，这是值得深思的。但是，人类追求的终极目标，是真善美的融会贯通，是无限多样化的无隙契合。如今，防止环境污染，保持生态平衡，正越来越受到人们的重视。因此，汤因比（英国历史学家，1889—1975）说，只有当中国文明的精神指导人类文化前进时，世界历史才算找到了真正的归宿。中国近代的落后，只是农业文明让工业文明比了下去；但是工业文明需要更高层次的和谐。中国的传统文化精神必将造福于人类的未来，因为这一精神符合人类社会可持续发展的时代要求。

从文化的起源到如今，文化已历经了漫长的发展过程。从粗糙的原始石器到电子计算机，从原始的巫术到发达的现代科技，文化经历了一个从无到有，从小到大，从少到多，从低级到高级的过程。回首人类的减灾、防灾、消灾的历史，有一系列具有划时代意义的里程碑，它是安全文化源远流长的有力佐证。如祖先们为了生存与繁衍，与天斗、与地斗、与万物险恶斗、与天灾人祸斗、与自然物斗、与人造物斗，以自己的生命、血汗为代价，学会并总结出保存自身、创造安全的生存环境的方法，丰富并发展了人类文化。今天发达国家融安全于生产建设之中的成功经验证明：没有人类的安全活动，就不可能有现代完善的社会；没有高度发达的安全文化，很难延续人类悠久的文明历史。

任何时代的科技发展都离不开产生它的文化环境，离不开它所处的文化氛围。科学技术无论作为人类一种认识结晶的知识体系，或作为人类一种实践活动的重要工具，它都是整个人类文化系统的重要组成部分，属于整个人类文化系统中的一个子系统。生物学家爱德华·克劳特认为，人并不是唯一的使用工具者，至少也是唯一的工具制造者。正是人类具有创造工具的独特能力，才使人类能适应大自然的变化，在千难万险中产生自觉的、符号化的安全言行而得以生存和发展，才逐步形成了当今发达的文化。

## 二、关于安全

"安全"是人们最常用的词语之一，然而它在专业图书中至今未见统一的解释；在语文工具书中，也只能查到用相近词或相关词做的简单解释。这说明人们对"安全"一词的研究是很不够的。从文字构成来看，"安"字实际上是一张画面十分简洁的古人的生活"照片"，或者是一幅概括性很强的古代妇女肖像，你看她安祥的端坐家中，那么怡然自得的样子。家中（房中）有女子则安，现在老百姓还把"老婆孩子热炕头"当作人生一大目标来追求。这就是一般人从"安"字中读出的含义，即家有女子，男人才能心安，才有安乐和稳定，这也是"安"有静的意义的本源；但很少想到女子在家中才不会有危险，才能不受威胁和伤害，才能确保安康。而实际上，我们在使用安全的"安"时，取的就是"女子在房中"之意，而不是"家有女子"之意。从词典中求证，也能看到"安"字有不受威胁、没有危险、太平、安全、安适、安逸、安稳、安康、安乐、安祥、安心、安宁、稳定、习惯、妥善、徐缓……等含义，可谓无危为安。"全"字有完满、完整、完好、完备、整个、保全或指没有伤害、无残缺、无损坏、无损失等，可谓无损则全。"安全"二字，通常是指各种事物（天然的或人为的）对人不产生危害、不导致危险、不产生损失、不发生事故、运行正常、进展顺利等安顺祥和之意。

从对"安全"一词各种互相联系的含义的分析看：安全与否是从人的身心需要的角度或着眼点提出来的；是针对与人的身心存在状态（包括健康状况）直接或间接相关的事或者物讲的。这里所指"相关的事或者物"的外延，包括人的躯体和心理存在状态，也包括造成这种存在状态的各种外界客观事物的保障条件。

随着认识的不断加深，人们对安全一词的理解已不再望文生义，而是从概念的本质上去认识它的内涵。例如，人们发现，安全不仅是大家所希望出现的一种好的状态，而且应该是一种积极的能力，也就是管理风险，或是对普遍存在于人们周围的，对人的利益产生威胁的因素的控制能力。

1. 狭义之安全

人的生存和发展与人的生产实践活动紧密相关，又与生产安全及其保障条件紧密相连。人们常说的安全是指生产过程中的安全，是保护劳动者在生产过程中的安全和健康。换言之，指劳动者在上班时间和工作场所的安全。当代国际通用的"职业安全卫生"这一术语，表达的就是这个意思。

在我国，常把劳动保护和安全生产混合使用，其主要原因在于我国的劳动保护工作是效仿和学习苏联的体制和作法，结合我国国情并有所发展，一直沿用至今。

无论是劳动保护、劳动安全、职业安全卫生，还是职业活动中的安全（含健康），实际上就是厂矿企业所关心的生产安全。常说的安全，仅仅指在生产过程中，在职业活动中要保障劳动者（职工）不伤、不病，这是工业社会中最普遍的标准，也是当代各国的一种工业文明标志，是行业或企业安全条件的最基本、最低要求。这就是狭义的安全概念，在我国，也是各级政府和行业主管部门以及公众当前最为关心、能够承受的安全与健康标准。

## 2. 广义之安全

近年来，随着国内外专家学者对安全科学（技术）学科的创立，并对其研究领域的扩展，使安全科学技术所研究的问题已不再局限于人或人群生产过程中的狭义的安全内容，而扩展到包括生产、生活、生存、科学实践，以及人的活动的一切领域和场所中的所有安全问题，即广义的安全。这是因为，在人或人群的各种活动领域或场所中，发生事故或产生危害的潜在危险以及外部有害因素总是客观存在的，即事故发生的普遍性不受时空限制，只要有人及危害人的身心的外部因素同时存在的地方，就始终存在着安全问题。换句话说，安全问题存在于人的一切活动领域中。可见，当今所说的安全，不论其内涵还是外延，都早已超越了"劳动安全"或"生产安全"的范围，形成符合人类社会可待续发展要求的大安全观。

安全内涵的扩展有三个内容：其一，人的身心安全，所指不仅仅是人的躯体不伤、不病、不死，还要保障人的心理的安全与健康；其二，所涉范围由生产劳动的时空范围拓展到人的活动的一切领域；其三，随着社会文明、科技进步、经济发展、生活富裕程度的不同，人们对安全的需求水平和质量会有全新的内容和标准。

不难看出，科学的、广义的安全概念，其内涵可以表述为，是人的身心远离外界因素的伤害或处于能承受、可控制的风险之中的一种时空状态，是与人类同生共存的一种普通文化。这一内涵，揭示出安全本身就一种文化。

# 企业安全文化与企业安全管理

要我安全，是制度，是管理；我要安全，是文化；我会安全，是技能。

现在，有人把安全文化与企业安全文化相互混淆，把属概念和种概念不加区分地看成是同一回事。例如：认为"安全文化是人类在安全方面所有精神财富与物质财富的总和"是空泛概念。"致使企业在推进安全文化建设时感到困惑与迷惘，不知如何下手是好。"这种以指出误区为出发点愿望，不料在概念的使用上使自己也陷入一个误区。即属种不分的把外延有别的概念等同起来，看似合乎逻辑，实则相差悬殊很大。

因为企业安全文化是工业社会的一种管理型文化，而包含它的安全文化是整个人类历史的安全写照。二者既有联系又有区别，具体而言——

既然"安全文化自古就有"，既然"我们在安全方面做过的事情都跳不出安全文化的范畴"的判断是一种错误，是认识的误区，那么企业安全文化又从何谈起？企业安全文化又从属于什么文化？如果连安全文化都不存在，企业安全文化又从哪儿去找？如果连安全文化的客观存在都不敢正视，企业安全文化建设的意义何在？当年从国际核安全咨询组引进的"安全文化"概念，实际上是以核安全文化为代表的企

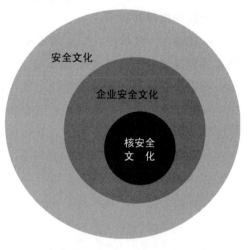

**安全文化与企业安全文化的逻辑关系图**

业安全文化模式。既然在 1986 年以前，核工业系统的安全管理也没人以安全文化来概括，难道就可以因此来否定核安全文化的存在？

中国人最早接受的安全文化，准确地说，就只是核安全文化，当时的安

全文化概念，实际上是很窄的，比企业安全文化概念还小，更不是现在人们所理解安全文化。但是，无论是企业安全文化概念还是安全文化概念，都是受核安全文化的概念的启发，并在此基础上产生的。它们的逻辑关系是核安全文化包含于企业安全文化，企业安全文化包含于安全文化。

千万不要以偏概全，也不要保偏弃全。企业安全文化就是企业安全文化，它是安全文化的组成部分。如果为了强调企业安全文化的具体性而说安全文化是空泛的，就等于忘掉了自己的姓氏，数典忘祖而置自己于来历不明，似乎是石头缝里蹦出来的。

既然安全文化自古就有，那么我们在安全方面做过的事情都跳不出安全文化的范畴，只是过去没有明确这个概念而已。这种认识误区，致使企业在推进安全文化建设时感到困惑与迷惘，不知如何下手是好。

企业安全文化是能动性很强的工具文化，具有管理属性。是以管理理论为基础产生的一种管理手段。问题的关键在于忘却了企业安全文化的基本使命。企业安全文化理论是管理理论，企业安全文化同时又是一种管理方法（模式）。

企业安全文化到底是企业诸多工作中的一项工作，还是主导企业一切工作的管理工具，对这个问题的正确认识，具有重大理论意义和实践意义。

我们经常看到这样一些说法：把企业安全文化作为一项重要工作列入企业的重要议事日程；把企业安全文化与企业其他工作同规划、同布置、同检查；企业安全文化工作要紧紧围绕企业的中心工作开展，为企业中心工作服务，承诺在抓好企业各项工作的同时，下大力气抓好企业安全文化建设……无疑，这些说法和说这些话的企业，都把企业安全文化当做一项工作任务，混同在企业的其他诸项工作之中。我们发现，与这些如此认识企业安全文化的企业一样，把企业安全文化当做一项工作任务的，不乏众多的理论工作者和企业安全文化专家。这种认识上的错误，对于我国企业安全文化理论研究和企业安全文化建设，无疑具有极大的害处。

在诸多的教科书上，通常都说企业安全文化是企业员工在长期的实践中形成的共同价值观和行为方式……，这无疑是正确的。但是，这里所说的企业安全文化是文化学意义上的企业安全文化，它是作为一种客观现象与企业同时存在的。作为一种文化现象，它必然按照文化产生、发展的规律形成。

这种在企业内外诸多因素影响下自发产生的企业安全文化，我们姑且称之为原生文化。原生文化通常会向两个方向发展，给企业带来两种截然不同的命运。那种具有与生俱来的优秀品质的企业安全文化，可以引导企业向着健康的方向发展，保证企业基业常青；另一种则相反，成为企业发展的桎梏，甚至把企业引向死亡。

另一种意义上的企业安全文化是从管理学角度来认识的。这一意义上的企业安全文化，就是我们通常所说的那个上世纪由国外传入中国的企业安全文化。它不是企业所原生，它是外国无数优秀企业经营管理经验的结晶，是在传统管理理论的基础之上总结、升华、归纳出来的企业管理方法论的产物，一种人们可以使用的企业管理工具，我们姑且将其称之为工具文化。

工具文化的特征是它的能动性。它的能动性来源于精神意识对客观实在的反作用力。运用这种作为管理工具的企业安全文化管理企业，管理者的主观意识可以积极影响企业的发展方式和发展方向。他们倡导的精神理念和管理方法先进于企业存在，并把落后于主观目标的企业引领到更高、更先进物质境界。

对这两个不同意义的企业安全文化概念的正确认识，有助于我们确立企业安全文化的正确地位，有助于我们理解企业安全文化在企业管理过程中是如何发挥作用的，有助于我们在企业安全文化建设实践中，化解原生文化中的消极因素，发扬光大其积极因素，建设优秀的企业安全文化。

最近，一家权威机构在北京进行企业安全文化建设调研，请了几家大型企业介绍其安全文化的建设情况。这些企业谈的大多都是日常生产安全管理工作，末了，才提到安全文化建设，而内容都是什么活动啊，演讲啊，张贴了多少挂图之类的。

企业安全文化建设一直受着各种因素的影响而进展缓慢。近年来，在政府的大力倡导、媒体的广泛传播和一些机构持之以恒的推动下，人们对安全文化有了新的认识，已经由一开始的不承认不支持，到现在的能理解可接受。一些先行的企业不再将安全看成是一项由少数去做的工作，或将这项工作看成是单一的技术和纯粹的管理；而是将其当作有利于企业可持续发展的文化来建设。他们以自己过去的实践为基础，通过借鉴与模仿，开展新的实践，创出各有特色的企业安全文化模式，为企业安全文化建设的全面展开提供了经验。

但是，有一点至今依然不可忽视，即安全文化在总体上仍被视为企业文化中与安全生产有关的宣传教育活动；即使官方组织的与安全有关的各类主题活动，也仅仅是以安全文化来为其冠名，以发放宣传品、请官员和演员同台做秀而已。这两种情形，无论内容还是形式，所传达的信息都是完全相同的，即安全文化不过就是搞搞活动。

这的确是值得关注的现象。如果我们只能搞搞活动，我们真的就被一些有心人言中："安全文化是行外之人为凑安全的热闹弄出来的花花架子。"当初，在本属于文化范畴的安全技术和安全管理独领安全工作的时代，安全文化概念的悄然传入，曾使一些习于墨守的人大惑不解。在概念向实践渐变的过程中，人们也听到了另一种声音，即"支持安全文化的，大多是些安全的外行；真正长期在企业从事安全工作的内行，支持者甚少"。然而这声音在当时是阿Q似地自我安慰。但是，如果同样的声音在当下发出，也许就不再像过去那样，是言者的自我安慰，而是对企业安全文化建设实况入木三分的透视。因为，当初安全文化还只是星星之火，而现在已成燎原之势；当初是同行间的理解差距，现在是隔行间的认识差异。

事实上，除了我们提到的先行的企业自己摸索着创出各具特色的企业安全文化模式外，还很难找到哪家安全文化机构能给企业带去了这方面的切实指导。这就是对企业安全文化在认识上的差距与差异之区别。

由于大家争先恐后地做着贴着企业安全文化标签的事情，并使之越来越复杂化，越来越商业化，以至于人们忘记了企业安全文化的真正使命。企业安全文化被神化了，成了拯救陷入困境的企业的高招上策，成了企业做大做强的锦囊妙计，成了无病不治的灵丹妙药。10多年过去了，但只要我们冷静的、客观的观察一下，如果有耐心，再到社会上去调查一番，就不难发现，我们在企业安全文化的认识上的确存在不少问题，有的甚至是具有根本性的重大问题。这些问题不仅涉及企业安全文化的定义，而且涉及企业安全文化的性质、地位、使命等等相关问题。有不少企业家困惑地说，在培训班里我们被专家讲得热血沸腾，好像我们也成了企业安全文化专家，可一出课堂便一头雾水，回到企业管理实践中就找不到北了。他们的话道出了我们目前企业安全文化研究和建设的弊端所在，关键就在没有搞清楚企业安全文化到底是什么。

企业安全文化沦落到令人忧虑的尴尬境地，根本问题在于理论认识和理解上的混乱。这种状态，无论对企业安全文化理论研究还是建设实践，都是十分有害的。呼吁理论界和企业界，摈弃目前的浮躁，静下心来，消除企业安全文化理论研究和咨询上的复杂化、神秘化和商业化倾向，认真梳理企业安全文化理论研究的成果，开展对企业安全文化的再认识，明确企业安全文化理论研究和实践的根本使命及基本任务，关注我国企业和企业员工队伍的现实，把中国企业安全文化的研究和实践引领到健康、科学、有用的轨道上来。

（2007 年 12 月初稿于北京市芍药居）

# 个体独特、 整体多样， 是企业安全文化之实质[①]

安全文化是人类在生存和发展过程中，在生产、生活的各个领域，为了保护人的身心安全与健康，使其能安全、舒适、高效地从事一切活动，预防、避免、减少或消除意外事故和灾害所创造的物质财富与精神财富的总和。

企业安全文化是企业员工在生产经营过程中，为保护自己的身心安全与健康所开展的各项实践，以及开展这项实践活动的制度依据，创制和使用的各类物品。概括地说，就是企业范畴的安全文化。企业安全文化以企业为单元，不同企业有着各自的互不相同的安全文化。

因此，企业安全文化有四大特点：一是企业在生产过程和经营活动中为

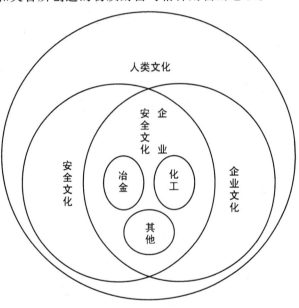

**企业安全文化在文化中的位置**

保障企业生产安全，保护员工身心安全与健康所进行的实践活动。二是与企业文化有着基本一致的目标，都以人为本，以"人性化"管理为基础。三是强调企业的安全形象、安全奋斗目标、激励精神、安全价值观等，增强对员工的凝聚力。四是其模式千差万别，虽可学习借鉴，但不可复制照搬。正如川菜是我国饮食文化的经典，但真正的、原汁原味的川菜在哪呢，在四川。

---

① 参见《工作参考》(北京市安全监管局主办)2008年4月25日第4期总第8期第2－5页。

当然，有人会反对这个说法，因为北京也有川菜，甚至还以"正宗"作招贴。其实，北京的川菜哪怕是地道的川厨所做，也是变了味儿的。试想，不变味儿北京人吃得了吗？从这个意义讲，北京人吃不了的川菜，才是真正的川菜；但这样的川菜在北京会有市场吗？举这个例子，只想说明一点，没有两个完全相同的企业安全文化，即使是从别人那儿学来的，也要进行改造，要符合本企业的特点，才有利于企业的发展和员工的安全。不然，企业安全文化建设就会走进死胡同，就会被企业排斥在外；而企业自己固有的坚持多年又行之有效的安全做法，才是企业安全文化的源泉，或者说是企业原生态的、最有生命力的安全文化；安全文化研究机构应当尊重企业，挖掘、整理、提炼由企业员工首创的那些独一无二的安全文化元素，帮助企业建设与众不同的安全文化。

所以，上述四大特点以第四点为其根本，它是企业安全文化的个性所在，体现了企业安全文化的多样性。例如冶金企业的安全文化与建筑企业、化工企业的安全文化，虽有许多共性，但我们不能拿共性的东西来说事儿，更不能简单地将其克隆过来，然后就说这是冶金企业的安全文化，甚至将其作为商品向冶金企业兜售；也不能因为冶金企业用一氧化碳将氧化铁还原成铁，其工艺过程也存在一氧化碳中毒的可能，就说防中毒是冶金企业的安全文化特点，诸如此类。虽然冶金企业也存在与别的企业或行业相似或相同的安全问题，从表面看其治理的手段也很类似，例如防热辐射、防尘防毒等，但同样的致害因素，其产生的原因会有所不同，我们首先要抓住主要矛盾和最突出的问题，从工艺上解决问题；其次要抓住原因的原因从根儿上解决问题，这样就能形成具有自己企业特色的安全文化。

企业安全文化的多样性决定了它的模式不可能是单一的，也不可能制定出一个统一的标准去评估或衡量它的现状。如果一定要那样做，势必回到过去的老路上，与其说是在建设企业安全文化，不如说是在给企业安全管理贴上文化标签。正如安全条件，笼统地说都一样，可以无限复制。但是，具体条件是截然不同的，化工行业的安全条件不同于别的行业的安全条件，行业内部不同企业，同一产品不同的生产工艺，安全条件也不尽相同。这些不同安全条件达到之本身，就是不同的企业安全文化之形成。正因为存在许许多多不同的企业安全文化，安全文化才丰富多彩。

但是，企业安全文化到底是文化学意义上的，还是管理学意义上的，目前尚无共识。在文化学意义上，企业安全文化是一种与企业同步生长、同时存在的客观现象，它按照文化产生、发展的规律形成，是原生文化。在管理学意义上，企业安全文化就是上个世纪90年代在国外流行，后又传入我国的核安全文化，是在传统管理理论的基础之上总结、升华、归纳出来的企业管理方法，是一种可供人们使用的工具。因此，有观点认为，"安全文化是工业社会的一种管理型文化"。

由于从管理的角度去认识企业安全文化的缘故，企业安全管理便被贴上了文化的标签，甚至在文化热的熏蒸下成了新的商机。于是，企业安全文化的多样性便被模式化的、单一色彩装饰过的企业安全管理所取代。这种以商品形式推出的企业安全文化模式，在本质上是脱离企业所需的安全文化，更缺少能够典型地反映本民族价值、情感的元素和符号；其所承载和表达的，因符号破碎、意象零乱、意义非典型，难以将员工带入特定企业固有的价值观和情感空间，从而使企业员工无法由此溯及本民族的共通情怀，感受本民族，尤其是本企业安全文化的独特性。因此，脱离企业所需的安全文化之倡导，得三思而后行。

（2008 年 3 月稿于北京芍药居）

# 龙文化所体现的生产关系及其安全寄托①

本文通过对以安全为标志的早熟的华夏文明与产生它的恶劣的生存环境之间的关系的分析，联系龙形象所象征的社会形态及其构件在诸方面对安全的隐性表达，以揭示原始社会的生产关系是安全文化的雏形，而龙形象是对这种生产关系所作的图解。由此提出"安全是人类文化的源头与核心"的观点。

## 一、恶劣的环境与文明的生长

谁都知道，中国的文明是世界上成熟最早、最古老的文明之一。而表明这一古老文明确实存在的远古遗存，又多在今天看来是穷山恶水的僻远之地。这说明了什么呢？

这说明某种早熟的文明，与产生它的艰险穷恶的环境有关。以克服灾险为目的的人类行为及其造物，最能体现其对人类自身的关照，它的进步意义和存在价值符合人类愿望，因而就承传下来，影响广远。

那么，这种早熟的文明以什么为标志呢？

1. 早熟的文明以安全为标志

文明这个概念，是文化的子概念，它是文化系统中的积极因素，代表进步的部分。

既然文明是文化的积极因素和进步方面，则文明就和某种价值观有联系，换言之，文明就是一种价值判断。

如果把安全放到全部文化背景中去考查，你会惊奇地发现，安全就是文明。

---

① 参见《技术与创新管理》(CN61 - 1414/N, ISSN1672 - 7312)2016年第5期587 - 590页。

我们不妨对此作一个扼要的描述：安全是文明所代表的价值观之一种，且是最重要的一种。何以见得——

华夏文明，是举世公认的早熟的文明之一。纵观历史发展脉络不难看出，恶劣的自然环境是这一文明生长的绝佳土壤。改变环境、消灾避祸，这一强烈的愿望，持续地刺激着一种积极的能量的畜积，幻化出无穷的与万物险恶作斗争的创造力。于是有利于人的生命存在和身体健全的文明产生了。简而言之，在险恶的自然条件与人类文化的发祥之间，存有一座极易被人忽视的壮美金桥——安全。

安全，作为人类不可或缺的基本需求，它一直是内隐的并掩藏于所有文明成果之中，并在通往文明的路上，起到原动力的作用；在文明不断地发展的过程中，又作为文化的积极成分，以消灾防害、避险躲祸为特征流传下来。这种经久不衰的文明，这种至今还影响着我们民族深层心理和实际生活的文化遗产，如晴空繁星，耀眼夺目、数不胜数——鲧禹治水、女娲补天、后羿射日、精卫填海、嫦娥奔月，等等。

如果说这些都是神话与传说，不值一提的话，那么公元前251年的李冰（时任蜀郡守，略相当于今四川省省长）所建造的水利工程——都江堰，就最能证明这种早熟文明到底出于建造者的一种什么追求。这项造福万世的水利工程，至今仍是成都平原的万民福祉，工程本身所表达的治水原理，即"深掏滩、低作堰"六字，至今仍是水利建设的科学训条，充分体现了人类应对自然灾险，追求安全的能动性；这项比长城历史还稍长一点的人类智慧与力量的遗物，一开始就注定了它不仅具有永久性，更重要的是它的长效性。

而长城，耗资巨大，其空间意义无与伦比，但其时间意义却远不如都江堰。长城的安全价值在于封闭性退守，都江堰的安全价值在于进取性根治，长城在空间上举世无双，都江堰在时间上永恒不衰。

这些都产生于天灾与人祸加害的恶劣条件下，作为人类早期文明的典范之作，都以安全为标志。

可以说，没有哪一种文明能像安全文化那样独霸人类历史的领先地位直到永远。例如：西方虽有光辉的工业文化，相对而言，却没有极具代表性的封建文化；东方虽有灿烂的封建文化，相对而言，却没有封建文化那样夺目的奴隶制文化。但安全文化始终在上述不同文化当中（无论以地域划分、还是以时代划分）占有相当重要的地位。而各种文化中体现安全意义的部分，都会被赋予时代精神而独享其尊得以发扬光大。由于长城因具有"封闭"和"退守"的功能而打上安全的烙印，罗马帝国的君主们也曾希望有这样一长段城墙，用以抵御日尔曼外族的入侵。由此可见，在中世纪，体现在心理上的、以"退守"为特征的安全追求并非仅为中国人所独有。

2. 中国文化为什么又称龙文化

人类在初始阶段，自然灾害、万物险恶层出不穷。尤以我国的黄河为甚，这条从世界屋脊上飞落直下的大河，流经黄土高原后，冲刷着黄色的地皮，携带着大量泥沙滚滚东流，不仅抬高河床成为悬河，还流无定向，肆意改道，给华夏先民的生存环境带来千难万险。然而，也正因为如此，才造就了至今还闪耀着光辉的民族精神，才强烈地刺激着一种文明的生长，使这条险恶之河成为华夏文明的摇篮。

要摆脱险恶，在那个极端荒蛮浑噩的状况下靠什么？

靠群体的力量，靠部落间的联盟，汇成强大的人力与自然抗衡，方能消灾远难。

闻一多先生曾在《伏羲考》中指出，作为中华民族象征的"龙"的形象，是蛇加各种动物而形成的。这可能意味着以蛇图腾为主的远古氏族部落为战胜自然灾害和防御远方部落的侵扰而不断联合附近其他氏族部落，即蛇图腾不断合并其他图腾逐渐演变而为"龙"。

闻一多先生的解释是从社会历史发展的角度来讲的，那么"龙"又为什么从古到今都被奉为至尊呢？请看著名学者蔡大成的解释：

"龙在文化含义中是一种生命的符号，象征着古人对生命的循环、死而复生的愿望。"

从这点上我们不难看出，古人把生命，也就是把自身的活着看得很重要，以至寄希望于长生不老或死而复生。这虽是一种混沌的生命观念，但它毕竟体现了一种对生存、活着的强烈要求。请看：

蛇身——蛇老了，脱一层皮又年轻了；长长的身体也象征生命的长存。

鹿角——每年都萌生鹿茸。

鸡爪——鸡爪上的鸡距表明鸡的老嫩。

马头——马的"牙口"可断其岁龄。

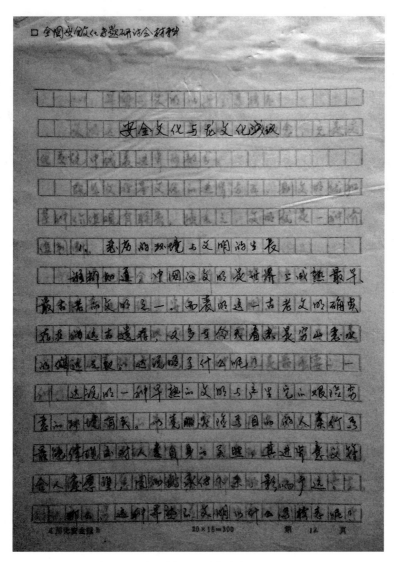

这是本文的手稿影印件

这些都是生命体生命的信号，尤以长长的蛇身为本，反映了古人祈求长寿的心愿。

另外，我国自古就以农业立国，气候与水情对农业生产至关重要。"龙，水物也"（《左传·昭二十九年》）。治水，也就是降龙，但这一人类的壮举，在当时多是以求它别发怒为表现形式的，于是就产生不少巫术礼仪活动，通过对龙的顶礼膜拜，祈求它与人为善，赐福于万民。

当然，值得一提的是，与气候和水情相关的，具有科学意义的认知与技术，如历算、土地丈量等，都先于西方千余年被开创出来。这些都是早熟的文明之实例，作为文化遗产，至今仍呈现着它万世不衰的辉煌；作为与龙有关的文明，它为人类适应和利用自然奠定了坚实的基础。

关于龙与人的关系，传说很多，女娲、伏羲、共工氏、轩辕、盘古等，都是人首龙身或人首蛇身。

为什么这些在人类历史上做出伟大贡献，为人类摆脱灾难的具有超常智慧的人物都是人首龙身或蛇身呢？笔者以为，这正是人对生命长度的一种寄托，对自身智慧的自我肯定。它告诉我们一个道理，不是龙蛇变成了人，而是人们幻想着把人的智慧与龙蛇的长寿合在一起，以求身心的完整、万能和长久。

至今，人们仍希望属龙或属蛇。


## 二、龙形象是原始社会生产关系的图解

前面已经提到闻一多先生对龙形象的解释，他认为"龙"是以蛇图腾为主体的众多部落的大联合。这一解释，实际上是在对原始社会的形态进行描述。因为在那个自然力相当强大，生产力极其低下的条件下，人类要生产和生存，只有靠群居、共同生产，也即靠群体的力量以致部落间的联盟，汇成可与自然抗争的人力，才能获得生存与发展的条件。

1. 原始社会生产关系有利于当时生产力的保护与发展

"生产方式是整个社会发展的决定力量"，这是历史唯物主义的经典判断。一定社会的生产方式是由一定社会的生产力与生产关系的统一构成的。如果生产关系与生产力不相适应，就会相互掣肘，就不能形成有利于社会发展的生产方式。常态下，生产力决定生产关系的调整与改变，生产关系顺应生产力的实际状况。无论生产力发展到什么状况，都会对生产关系提出与当时状况相应的要求；此时，生产关系若能与之同步，就构成一定社会阶段的生产方式，这就有利于社会发展。尤其是在整个人类社会尚处原始阶段时，这一点更为重要。当然，原始社会生产关系的形成在很大程度上是顺其自然，是社会自洽的结果，主观因素相对来说显得很弱。这也是社会处于正常发展状

况下的一种必然现象。因为——

唯物史观认为，有什么样的生产力，就有什么样的生产关系。但是，生产关系本身不存在先进与落后之分，只存在与一定的社会生产力是否相适应的问题。我们不好说原始共产主义与未来共产主义在生产关系上有什么区别，但生产力是绝对不同的。

低下的生产力，必然产生与这种低下相适应的生产关系。但我们不能说：低下的生产力产生低下的生产关系。因为适应低下生产力的生产关系表明社会本身具有很强的调节功能，它不是生产关系本身，它只着眼于保护生产力、发展生产力。

人们都知道，原始社会由于生产力低下，生活资料极少，生产关系以生产资料公有制为基础，人们过着共同劳动生产、平均分配、平等消费的生活。这样的生产关系，在当时，对生产力，尤其是对生产力的第一要素——人，具有再恰当不过的保护作用。因为，当时生产资料很少，无论是工具，还是人在使用工具时的作用范围，都相当有限，人们基本上就是以自己的肉体的劳动去获取生活资料。这样的状况，随时都可能遭遇灭顶之灾——毒蛇猛兽、水火之患等等。所以，保护自身生命，或者说保护生产力，就会自觉或不自觉地被原始人在原始劳动中有所实践，这种实践的结果，就为历史留下了打上安全烙印的文化遗产。

这份文化遗产，就是原始社会生产关系本身。这样的生产关系，适合当时的客观条件。原始人类为了有效地、安全可靠地采集和狩猎，必须集体劳动和围猎，必须群居（原始篝火、爆竹、舞蹈、音乐由此产生）。这都是在生存威胁极大又必须生存的情形下形成的保护生产力的方法，它使生产关系与生产力统一起来，构成原始的生产方式，推动了社会的发展。因此，笔者认为，原始社会的生产关系，是安全内涵占比最大的一种文化样式——生产资料（劳动资料、劳动对象）公有；人人平等，共同劳动；平均分配，共同消费——安全文化的雏形。

2. 龙图腾所象征的生产关系及社会结构

前述原始社会的生产关系是人类安全文化的雏形，很抽象，能不能拿一个具体可感的事物来证明呢？

龙的形象，就是原始社会生产关系的图解。

关于龙及其形象，作为一种图腾的来历，闻一多先生从社会历史方面，蔡大成先生从生命意义方面都有解释，这两者已在本文前面探讨过。

现在，我们从生产关系或社会结构（形态）的角度再来探讨一下。

从龙所象征的生产关系来看，闻一多先生的解释正好也印证了这一点：龙图腾，是一种大统一、大协作、大融合、大联盟。这恰恰就是在描述以公有制为基础的原始社会的社会形态。

龙，作为一种观念与幻想的产物，既不属于生物学研究的物种范畴，也没有哲学意义上的物质性，但却一方面代表着华夏先民对大自然独有的征服力，另一方面又描绘出大自然对人类的横暴与肆虐，并以此寄托众生对福寿安康的复杂情感与愿望。这是生产力低下的产物。面对大自然的无情，人类的微弱力量难以克服它，于是把战胜大自然的理想寄托在一种全能物身上，并按照幻想中的全能形象设计着应对大自然的人类社会，并展开社会实践。

因此，龙形象，既是一张社会蓝图，也是一份社会实践记录，更是一种特定地理环境与自然条件在人们心灵上的反映。

龙文化产生于东亚细亚，与这里恶劣的自然条件不无相关。这进一步证明，某种早熟的、以安全为价值取向的文明，与产生它的恶劣环境有关的判断，不只是逻辑推理的结果。由此可见，在龙文化里所体现的文明与进步的内涵，就是安全文化的根源。


三、需要层次论的印证


美国心理学家马斯洛认为，人的需要有五个层次，即生理需要、安全需要、社交需要、尊重需要、自我实现，其顺序是由低级向高级排列。奥尔德弗把人的需要分为三个层次，即生存的需要，相互关系和谐的需要，成长的需要。

上述这两种划分互不矛盾，且可相互对应，后者是对前者的综合，前者可看成是对后者的细化。无论怎样划分，二位大师都把安全（生存）的需要看成是人最基本的需要，其他的需要都是以此为基所派生的。

即使当代，人们处于比较容易的生存条件下，有了实现更高层次需要的条件，但安全和生存的需要仍然是最基本的需要，更何况原始人类。

可以说，生活在原始社会的人，是以生存（安全、生理）需要作为全部需要的。

古人云"衣食足而礼仪兴"，人首先得满足生存之需要，才能追求更高一级的需要。

不难想象，人类的祖先在生产力极其低下的原始状况下，生存问题、安全问题无疑是最大的问题，可以说，当时人类的全部创造都是为了解决这个问题，以满足这个基本的需要。

既然这些人类创造是为了解决生存问题、安全问题，而人类创造又意味着文化的产生。那么，这种文化就无疑是安全文化。

需要层次论虽是西学理性与逻辑思维的成果，但同汉学感性与艺术思维所形成的龙形象在内涵上有许多相通之处。从本质上讲，在一定程度上，需要层次论是对龙形象进行文字解读，而龙形象则是对需要层次论进行图解，且都在印证恶劣的客观条件可促进以安全为标志的文明的生长，而原始社会的生产关系恰好能适应当时人们对安全和生存的需要。

安全与人类相生相伴，亘古不变。这是人类永恒的需求，也是当代中国国家意志的坚毅表达（安全第一）。它表明，安全是人类文化的源头与核心，也是人类文化的未来走向与目标，无论其需求层次怎样提高，安全需要都是不可或缺的基础。

（2001年6月初稿于成都，8月再稿，并作为国家安全监管局同年10月在青岛召开的全国安全文化研讨会应征稿件，但未被录用。2016年9月在第四届行为安全与安全管理国际会议暨第二届安全管理理论与实践国际会议＜西安＞交流）

# 第五叠

## 安全文化传播及理念倡导

## 做好安全工作　　实现爱的升华①

中国人在第四次事故高峰中吃尽了苦头，吃尽苦头的中国人在反思中想到了营造可靠的安全保障。于是建设中国的安全文化，在客观上改变人们的生存条件，在主观上提高人们的生存能力被提到了部长们的议事日程。劳动部部长李伯勇说，"要把安全工作提高到安全文化的高度来认识"，这实际上是为各级领导和各级安全管理部门给出了一把解决当前全国事故高发问题的钥匙。

安全文化就是爱的文化，安全工作是这一文化的最佳体现，它是涉及社会及公众的性命攸关的大事；它把爱从血缘关系的天伦之爱中扩展为对社会、对广大人民群众的爱；它是人间真爱的崇高境界；它的现实表现，就是爱的升华。安全是实现这种爱的基本保障或者说就是爱的本身，因为任何爱的表示都不比给人以安全来得实在。

过去的一年，我们艰难地徘徊在事故高峰上，仅前 3 个季度，与 1993 年同期相比，死亡上升 28.9%、重大事故上升 23.6%。到年底，峰值又急剧上升，接连在吉林、辽宁、新疆等地发生恶性事故，特别是相隔仅 10 天的辽宁阜新"艺苑"歌舞厅和新疆克拉玛依友谊馆两把大火最为惨烈，前者烧死 233 人，其中男女青年居多，后者有 325 人丧身。这种群死群伤现象由 1993 年的以沿海开发城市为主蔓延到内地，由工矿商贸企业移向文化娱乐场所，且一次比一次惨重。从事故原因看，几乎都与领导的不负责任有关。

去年 12 月 7 日，人民日报发表了一篇题为《依法综合整治，确保安全生产》的社论，文中旗帜鲜明地提到，"各级领导应像对待自己的亲人一样关心人民群众的安全，做到为官一任，确保一方平安"。这句话既道出了安全工作的真谛，又对领导干部的情感素质提出了具体要求，其核心体现了一个"爱"

---

①　原载《警钟长鸣报》1995年1月2日第1版；参见《浙江劳动保护》1995年第6期总第13期，第15-16页。

字，它不仅要求领导要热爱安全工作、支持安全工作，更重要的是要热爱人民群众，关心人民群众；不仅是从事安全管理的领导要如此，而且是全体干部、每一个领导都要如此。因为安全工作需要直接的感情投入，任何自私自利、少情寡义的人都难当此任。为了人民群众的安全健康，我们要培养和造就一批充满爱心、为人真诚、勤学有识、富有热情、大公无私、乐于助人的领导干部；与此同时，我们还要强化安全技术人员、安全管理干部自身的道德修养和情感培养，尤其是在选拔安全管理领导干部时，除了要考查是否具备相应的专业知识和业务素质外，应特别重视考查其道德水准和感情素质如何。我们要把这作为长远的安全文化建设的重要内容和近期的做好安全工作的一项不可或缺的基础工作来抓。

大量的事故调查证实，60%以上的事故是人为的，包括去年发生在克拉玛依友谊馆的"12·8"恶性火灾惨剧，325名死难者中有288名是天真烂漫的中小学生，他们的死于非命，亦是因为领导不负责任，有关的19名地方党政领导分别受到党纪、政纪处分或法律制裁。作为沉痛的教训，我们应该认识到，一起事故，逗硬地追究责任，直接责任者就有19人，间接责任者又有多少呢？试想，责任意味着什么，丧失责任又意味着什么？在人命关天的安全工作中，责任意味着对人民的爱；丧失责任，意味着对人民爱的丧失。受辖于如此缺乏爱心的领导，人民，死了的焉能瞑目，活着的岂能放心。各级领导当以此为镜，把自己所处的地位用责任和爱心的砝码去衡量一下，看看自己是否有愧于人民。安全工作没有作好，无论你有多少堂而皇之的理由，都不能成为失误的托辞。须知，没有安全的生产等于白生产，这几年重、特大事故持续不断，使经济建设成果的相当一部分被事故吞噬，每年都有数10万人在事故中致伤致残或致死。面对如此严峻的现实，我们一定要不折不扣地按照国家的安全生产法规政策办事，以《劳动法》的正式实施为契机，用卓有成效的工作去弘扬中华民族的传统美德，再也不能辜负党和政府的重托，必须实实在在地去兑现我们"为人民服务"的许诺，把爱融进做好安全工作的每一个行动当中去。

当然，体现在安全工作中的爱，还包括社会生活的方方面面，"安全生产、人人有责""三不伤害"，狠反"三违"等，这些都是互相爱护的具体化，都各有侧重地表明了安全工作的广涉性。因为安全问题无处不存在，在安全问题面前没有旁观者，任何一个想作旁观者的人都与这个社会不协调。这就要求我们每一个人从自己做起，从每一件生活琐事做起，寓爱于安全责任之中，彼此关照，互献爱心，共同努力，建造一个新型的、具有可靠的安全保障的社会环境。

记得江泽民同志在接见舍己为人的英雄徐洪刚时说过这样一段话：从徐洪刚身上，我们看到的，不仅是老红军、老八路的优良传统，而是我们民族的传统美德。的确，华夏大地自古就是礼仪之邦，以仁爱为美德，爱祖国、爱同胞历来就是中华民族之魂。我们要让这民族之魂幻化成为对安全工作的责任，为了这一点，我们必须唱响爱的主旋律，让各级领导、全社会每个成员在爱的感召下，为了爱，去履行各自的义务，尽职尽责，使人民群众安全健康的生活；使社会多一点和谐；使人与社会都圆圆满满、和和美美。

（本文为警钟长鸣报社 1995 年元旦社论， 由本书作者撰写）

# 安全人格的塑造是安全文化的当代追求[①]

## 一、安全文化建设必须着力于安全人格的塑造

人类安全问题的客观历史性存在以及现实的广泛波及导致安全学科的诞生，这是当代安全文化发展的一种必然结果。安全学科的背景是人类整体的文化精神，人的安全活动作为文化系统中最古老、最基本的部分，无疑会以自己的特殊形式来表达现实文化发展的时代内涵，表达人类文化创造的照顾自身的本性。以这样的视角展望安全文化的现实建设及未来走向，不难看出，安全学科理应自觉地把自己发展的演化指向，同人类文化意识结合起来，在密切关注文化实践中摄取自身发展的营养。当代安全文化建设应该积极从一般的大众文化及民俗风习中寻找有关人类生存发展的内容和形式，并按照符合时代需要和科学精神的安全理想去完善和建设安全文化。

安全文化实践应当尊重人们的种种生活习惯，致力于建立当今人类所希望、所追求的生活秩序，使人们以理性、安全的态度、情感和意志从事现实文化实践，并把现代安全意识辐射到人类文化教育的广阔领域，从根本上改变大众文化的现状，提高其科学含量，努力实现全社会和全民族的安全健康水平与文化素质的提高。

基于安全学科的价值定向和安全文化建设的客观需要，主体安全人格的塑造以其最富时代精神的崭新命题被提了出来，这是过去的理论与实践尚未涉及或涉及不多的领域。

## 二、理性、情感、意志的有机统一，是塑造安全人格的本质要求

人格的塑造实际上是就是人的塑造，安全人格的塑造就是安全人的塑造，

---

① 原载《中国安全科学学报》，1995年8月增刊第144－147页。

它是人的完善与全面发展的基础部分，对当代安全文化建设具有直接相关的重要意义。从人格的内在规定性上说，健全的人格应该是人的理性、情感和意志的有机统一，理想人格的塑造应当使人格的这三个方面得到平衡协调的发展。然而在过去，这三者没有协调，发展不一致，片面地强调了其中某个方面的发展。这种片面发展的结果导致人格的缺陷，这种缺陷表现在安全方面，就使人呈现出安全品质太差或者叫做人的本质安全化程度太低。

实践证明，过去我们基本上没有注意的安全人格塑造，更谈不上运用人文科学的原理培养具有高素质的安全管理者和安全生产者。在心理学、教育学与安全的结合研究方面，我们也仅仅是肤浅的提一提安全是人的一种需要和有关安全教育的认识过程方面的问题，很少将心理学所揭示的认识过程与个体的社会化过程连接起来，达到包括理性（认识过程），情感、意志（个体的社会化过程）同步发展的人格塑造。由于这一缘故，这么多年来，我们培养了不少仅在数理意义和工程技术上解释安全问题的专门人才和对安全感性认识强烈理性认识较差的职业人群。够得上对安全问题既有深刻的理性认识，又能够充满感情地为劳动者的安全健康服务，还能意志坚定、矢志不渝地为实现安全而奋斗，称得上具有健全的安全人格者，实不多见。

解决安全问题的工作长期被认为是一项纯技术工作，这实际上就是片面强调理性，使一些人即使成了安全技术专家，也未必具有完整的安全人格。作为人的心理过程，理性属于认识过程，是人类认识的高级形式，主要表现为思维和想象。黑格尔说，理性是具体的。辩证的思维，也是认识的高级形式，只有理性才能揭示宇宙的真相。但是，面对安全问题，理性却常常陷入困惑，因为它既能揭示出安全问题的本质和规律，又能揭示事故是难免的这一深刻的道理，因而在解决问题时常表现出对事故的容忍和让步。例如我国至今还在推行的指标管理，就能证明这一点。

笔者曾在一个有关安全生产的高层次的委员会上看到，针对新一年的伤亡指标如何下的问题，各方面负责人都纷纷排出许多理由为本辖区、本系统争取多死几个人的指标，而且个个都道尽各自的客观不利因素据理力争。可见，我们的安全工作其好坏是事先已在诸如此类的会议上就议定了的，参与者都是各方面安全生产的负责人，对安全问题的认识可谓一个比一个透辟，可认识归认识。也许正是因为有这样的认识，事故方被允许了。现在通过媒体公开报道的事故，几乎每一起都与"三违"有关，尽管如此，从事故发生地或单位来看，只要没有突破指标，就可轻描淡写。且不说指标对事故的允许性，就说指标助长了一些人的不负责任、不吸取教训的心态就应该引起我们的高度重视和警惕，更何况指标管理在劳动安全法规里是找不到依据的，也是不道德的，它还是一些人隐瞒事故遮盖隐患的直接原因之一。某地曾因事故多发引起媒体关注，后来经统计没有突破上级下达的控制指标，还有人撰文大加赞扬，以正视听。

这些都是单纯的理性作用的结果，如果不从情感和意志这两个方面去衡量，上述问题是无可厚非的；然而合理的不等于合情的，加之许多问题是可以通过意志努力去克服的，所以，上述问题的出现又是不能被人的情感所接受的。

因为人格在心理过程上的反映除了理性之外，还有两种表达形式，即情感和意志。心理学认为，人作为个体，在完成认识过程后，必须向社会化前进，才能形成完整的人格。情感和意志，主要是人的社会化表现，它跟人际关系和个体社会性意识有着密切的关联。人的心理过程的这三种表现形式，构成了人格的基本框架，缺一不可。这三方面得到平衡协调发展，就完成了健全人格的塑造。有利于安全的人格塑造，必须在这三个方面下功夫，有关安全的各种要求必须在这三种形式当中有自己的表现；也就是说，安全的要求，必须全部落实在人的认识过程和社会化过程的每一个环节上。只有这样，安全人格的形成才能成为现实，也就是人们常说的人的本质安全。如果人格内部机制发展不平衡或部分地受到抑制，就会导致人的本质安全化程度低下，就很难与外部系统达成完美匹配，实现人—机—物—环境整个系统的本质安全。

与理性的片面强调想比，情感的培养几乎被忽略。然而在众多的事物和分工之中，除开救死扶伤的医护职业而外，安全工作所需要的直接的感情投入可以说是最多的。所以，它的从业人员必须是心地善良、为人真诚、富有热情、乐于助人者。如果我们忽略了安全工作的情感因素，在实践中，我们就会违章违纪违法，隐瞒事故或者对安全工作冷一阵热一阵，或者因工作的变动而改变原来的对安全的积极态度。例如不少人负责安全工作时，大喊安全工作重要，一旦调任别的职位，就漠视安全工作。这些都表明安全工作在人们情感上没有得到足够的响应，导致安全情感的不稳定。心理学认为，情感是客观事物是否符合人的需要与愿望、观点而产生的体验，情感促使人们对未来幸福生活的向往，促使人们去进行劳动、创造。情感的内涵告诉我们，它一旦与人的安全活动结合起来，就将成为一股阻止不住的生存动力，为安全的实现而奋斗不止。因此，在实施安全计划时，尤其是培训计划时，一定要重视安全的情感培养，不然的话，人们对安全的态度就此一时彼一时。培养人的安全情感，可以树立人的公众安全观念，提高人们对安全的评价水平。情感的社会性反映了个体与社会的一定关系，是通过道德感、美感、理智感来体现的，这又涉及社会学、伦理学、美学等许多领域。如果人们能用情感去自觉地实践安全并对有关安全的事物做出对人有利的评价；那么，人们就会把轻视安全、违章指挥、鼓励冒险等看成是不道德的行为；把不安全行为，不按规定穿戴劳保用品和护品护具的作法看成是丑的行为；把能够参与解决安全问题看成是自我价值的实现并表现出由衷的喜悦。安全情感的培养，在今后的安全工作中，是再也不能忽略的事了。

在安全文化自身的传承、尤其是民俗民风的影响方面，在一定程度上解决了公众对安全的态度和情感问题，人人都明白安全对自身生命和身体健康的重要意义，也进行了许多自发的安全活动，但其中科学的含量不高，也就是说，社会集体安全人格感性成分高于理性成分，且处于认识过程的低级阶段，难以满足和适应当代安全文化发展的要求。

与情感同等重要的是安全意志品质的培养，这是塑造安全人格的重要内容。所谓意志，心理学认为，是人为了达到一定的目的，自觉地组织自己的行动，并与克服困难相联系的心理过程，是意识的能动表现。人的意志首先是与行动的目的密切联系在一起的。当人在认识客观现实并感到有某种需要时候，就会确定目的并依据它去自觉地组织、计划自己的行动，或者约束自己、抑制与达到目的不相适应的意图和行动，或者加强与达到目的相适应的行动，或通过变革客观现实来满足自己的需要。意志又是与克服困难相联系的，没有困难的行动是无意志可言的。人只有在实现预定的目的过程中，遇到困难而又坚定的、深思熟虑地组织行动加以克服，才显示出意志的作用。

通过对意志这一概念的了解，笔者以为，要解决安全问题，必须培养每一个人的安全意志，并形成社会集体的安全意志。因为要解决现实和未来的安全问题，有许多困难摆在我们面前，有自然的，也有人为的。要克服困难，没坚强的意志是难以胜任的。例如有些干了几年安全工作的人，因畏惧困难，怕担风险与责任，不愿继续担任安全工作，客观上造成安全专业人才流失，给安全工作带来新的问题，使安全问题越来越复杂。这是由于人的安全意志不强所致。安全意志不强与人们对安全的认识和情感有关，因为意志的形成以认识为前提，受情感的左右。只有在安全实践活动中久经锻炼并形成了对安全的有积极意义的情感者，意志才会坚强。这种人，无论遇到什么困难，都愿意通过意志努力去完成自己的使命。因此，我们一定要下功夫培养人们尤其是安全专业人员坚强的安全意志，使之形成有利于安全的良好意志品质，使社会集体的安全人格在专业人员的带动下得以全面发展和不断完善。

总而言之，安全是理性的需要，也是情感的需要，这两种需要是只属于人的。它还要通过人的意志努力去实现，这是塑造安全人格的必要条件，与安全文化的时代精神相吻合。因为当代安全问题已不再是单纯的技术问题，也不再是好心人的善行所能为之；这必须凭借主体的理性、情感、意志协调一致的发展的人格力量才能真正奏效。随着科学普及工作和科技知识的普及，公众在对安全的积极参与中，人们的人格将会得到不断完善和发展。

三、塑造安全人格必须普及安全文化知识

从安全文化的现实建设来看，安全人格的塑造，除了主体的自我实施外，必须扩大安全教育面，在全社会普及安全文化知识。这是因为，安全教育的功能直接指向人的生存质量和人格素质的提高。通过安全教育，促进安全情感的发展，提高安全认识水平，形成坚强的安全意志，使受教育者的个性不断得到优化，从客观上促使社会安全文化氛围的形成。一方面把人类优秀的安全文化传统不断地传下去，另一方面又将进一步面向现实的生产、生活乃至整个生存领域开发和发展新的安全需要、安全意识和安全能力，使人们成为安全文化的创造者，成为具备自觉的安全意识和安全创造能力的人。

（1995 年 1 月稿于成都；
1995 年 4 月 10 - 12 日参加在北京举行的全国首届安全文化高级研讨会）

# 加大安全生产宣传力度的文化思考[①]

这是作者撰写本文时所留下的手稿影印件

---

① 原载《警钟长鸣报》1995年9月25日第1·8版,1995年10月30日第1·8版,1995年11月27日第1·8版,1995年12月25日第1·8版。

## 一、问题的提出

去年，劳动部部长李伯勇针对我国安全生产形势严峻的情况，提出加大安全生产宣传力度的问题，并要求各级领导部门和全社会把做好安全工作提高到安全文化的高度来认识。这是对一段时间以来我国安全生产形势作了透辟的分析研究，达到了对事物的本质认识后提出来的，是将人们司空见惯的安全问题由自然科学向人文科学深化的一种新的认识，是一种远见卓识。

事故持续高发，难以遏制以致出现中华人民共和国成立以来的第四次事故高峰并居高不下，这无疑与宣传力度不够有关；宣传力度不够与对事故危害的认识正确与否有关；对事故危害的认识之正确与否就是人的安全观的问题，就是安全文化中科学的含量之多寡问题。如果对事故致因与危害的认识是错误的，对安全的宣传力度就必然不够，甚至还会出现误导，这就很难改变现状，扭转安全生产的被动局面。而要达到对安全问题的正确认识，使社会安全文化现象及其活动在科学的指导下进行，就必须强化科普教育，广泛传播安全知识。这一工作的最有效手段就是充分利用大众传媒，发挥其特殊的媒体作用，向广大群众说明道理，使群众相信科学，尊重科学，在科学技术的帮助下平安的生产和生活，这就是宣传及宣传的意义。对安全宣传的重视和强有力的实施，是全社会的责任与义务，更是我们每一个科技工作者和宣传教育工作者的神圣使命。

所以，李伯勇部长提出加大宣传力度，把安全工作提高到安全文化的高度来认识，实际上就是要我们不仅从自然科学的角度，而且要从人文科学的角度来思考安全问题，做好宣传工作，以便从民族文化的、民俗心理的深层结构中发掘和弘扬潜藏于我们灵魂深处的可贵的安全意识，用现代科学技术去帮助人们，使人们的某些虽出于自觉和善念而难免错误的安全文化活动变成现实有效地安全保障，为扭转物质生产领域乃至更广大领域里的安全现状作些实际有益的工作。

### 1. 宣传的实际现状与大众对事故危害的寡闻

尽管党中央国务院三令五申，党和国家领导人也多次针对安全宣传工作明确指出，新闻媒介要多支持安全工作，要加强舆论，要对事故曝光，要造成强大的社会舆论攻势，以提高全体社会成员的安全意识，防止事故发生，实现安全生产。然而，虽然我国报刊如林（报纸 2 000 余种，期刊近 8 000 种），电台、电视台数不胜数，但全国范围内真正以安全为宣传宗旨的报刊为数甚少，更没有安全广播电台和安全电视频道。以报纸为例，取得公开刊号，准予公开发行的仅 10 余家，占报纸总数的 5‰，其中包括交通安全和消防方面的报纸。安全专业报太少，且多为地方性和行业性的，舆论的权威性相当不够，其宣传力度可想而知。再说宣传范围，取得国家正式出版物资格的安全类报纸，全部期发数估计仅几十万份，一个拥有 12 亿人口的泱泱大国，仅此是很难达到理想的宣传效果的。可见，现有的安全专业报不是权威性缺乏，就是发行、传播范围太小，产生的舆论力量难以引起全社会对安全工作的足够重视。从党报及其他综合报纸对安全宣传的支持来看，就更令人遗憾了，遇有这方面的报道，也仅仅是泛泛而谈罢了，就连克拉玛依那么大的事故，还不如一个郎平回国任女排教练那么引起新闻界的重视，以致不惜笔墨与纸张反复连续报道，甚至连其回国后再去美国方便不方便都可占据报纸一块黄金版面，还别说广播、电视的追踪报道。这里值得一提的是新华社作为一个专为大众传媒提供新闻产品的权威性机构，原办有一份每日出版的"新华社新闻稿"16 开本册页作为向各新闻单位的供稿载体，现改为《新华每日电讯》，以报纸的形式为各报供稿，因它本身就是报纸，可以直接面向读者，所以，有关国内外安全方面的新闻报道就远没有过去供稿多，相对而言又减弱了宣传力度。除此之外，在具有权威性的党报和综合性报纸上，几乎没有一家辟有涉及安全生产的常设栏目；在电视和广播宣传方面也有类似的情况。这与 1993 年 10 月，1994 年 12 月人民日报社论和评论员文章的提法很不协调，"安全生产是突出大事""安全生产是头等大事"。上述是目前我国大众传播媒体对安全宣传的基本情况，一言以蔽之，力度不够。

由于宣传不力，国人对严峻的安全生产、安全生活现状仿佛不是视而不见，而是根本就没有看见。尽管党和国家领导人一再强调对事故进行曝光，但通过新闻媒介曝光的事故占事故总数的比例太小，以致使很多人对安全的关心不够，保持注意的程度达不到防止事故发生的要求，更谈不上从宏观的角度了解事故对社会生活及人身安危的严重影响。例如，有多少人知道我国大陆每天有 160 余人死于道路交通事故，有多少人知道这相当于每天有一架波音 707 飞机失事；有多少人知道我国每年有 10 多万人死于各类事故（含交通），且每死一人总伴有 4 人致残，这就是说我国每年有 40 万～50 万人因事故而残废；有多少人知道我国每年平均因技术失控灾难直接经济损失约 300 亿元，每年还要拿出近 450 亿元人民币用于应急救援，这相当于每年毁掉一个建成的三峡工程；又有多少人知道我国每年新增的国民产值的一半被事故及其他灾难所吞噬……

这些惊人的数字，这些无时无刻不在威胁着我们生存的又是我们自己不经意所造成的灾难，却又是我们难以知晓，更是大多数人无从知晓的现象，这本身就是一种灾难，这与当今的信息时代又是多么地不合拍。

2．大众安全意识的民俗承传与现实表现

中华几千年古老文化，始终贯穿着安全这一主题，人们避凶喜吉，求福求正就是对安全的重视，无论是主观地塑造鬼神，还是客观地改造自然，都遵循着"天人合一"的和谐原则，这体现了合理利用自然的科学精神，其实质是为了民族自身的生存与发展免遭自然的惩罚。中华民族文化有一个非常可贵的特点，就是热爱现实人生，从不否定和逃避现实人生，对自身真实地活着感到很有意思而特别珍惜生命。因此，中国人总希望活得平安、活得悠然、活得久而且活得好。由于这样的健康的心理的支持，中国人做什么事情，首先最关心的是做这件事情有无风险，即过程是否安全可靠，结果有无意义，不是四平八稳的事情是不情愿做的（这也是中国历史上缺乏世界级的冒险家的民族心理缘由）。所以出门要预测，修房造屋要看风水，破土动工要看时辰，婚嫁要择日子，婚配要看"八字"，等等，几乎所有的行动都要事先知其吉凶；吉者可为，凶者不可为或改日改时再为。这些是什么？这些都是数千年沿袭一贯的民族的安全追求方式，是安全文化的重要组成部分。当然，这不是说这些习俗都可以提倡，但也不能说它们都一无是处。举这些例子只想说明，我们民族的安全意识不是太差，只是不科学而已，决不像有的人所指责的那样"没有安全意识"，殊不知我们中华民族的安全意识是有着深厚的文化因素和心理基础的，可以说，中国人对安全的重视，对自身生命的珍惜是无与伦比的，倘若加以正确引导，用现代科技知识去武装之，必将幻化成一股有利于身心健康的强大力量，大大促进安全工作的开展，为安全生产和生活创造良好的主观条件，实现主体安全的目的。其实，民间民俗安全活动是一种资源，我们应该换一种思路去对待它，很好地开发它，兴许会变废为宝。

这是基于对民俗安全文化的事实上的难以铲除而提出的设想，与其不能废除，不如合理利用。

安全文化作为一种与人的意识有关的社会现象，是"人"在劳动中创造自身的同时创造的一种文化，几百万年来，一直照顾着人类的生存与发展，其中不乏人类智慧的结晶和科学的因子，除了被现代自然科学吸收的部分外，许多非自然科学的东西尚存于民俗民风中，有的甚至被视为迷信的东西而加以挞伐，导致本已不力的宣传再加上对避凶喜吉的某些不科学作法的批评，使社会安全文化活动被缩小到了狭小的范围内，甚至成为一种隐蔽的有副作用的反文化活动，即使工矿企业正常的安全活动也受到干扰。据报道，某企业一青工看了算命书后就不去上班，一打听，方知命书上说他这几天不宜出门，出门有险。对这个青工的做法，如果一味指责，丝毫改变不了他的迷信，但可以换个说法，首先肯定他的珍惜生命的可贵之处，引导他用科学的方法来善待生命，那么他就会乐意接受而有益于安全工作。

现实生活中，不科学的安全活动及象征这一文化的载体，如财神、门神、桃符等一直沿袭下来，这反映出文化之流难以斩断，有的如首饰等一直作为高档消费品被人们广泛接受，这就是大众安全意识的有利于我们做好安全工作的基础。

3. 宣传的乏力与某种意义上的误导

事故那么多，危害那么大，损失那么重，却不能广为人知，这无疑是宣传的力度和广度不够所致。对此，我们在一个相当长的时期里还认为是国人没有安全意识或安全意识差，然而，我们只要对自己身边的种种现象稍加留意，便会发现这样的认为实际上是一种成见。应该说国人的安全意识是非常之强的，不仅有意识而且还有行动，由此产生了种种社会现象，其中不少是中华民族求福求正，消灾避邪的传统习俗的沿袭，尤其是在这几年表现得相当突出，正如前面所提到的在辞旧迎新时贴桃符、请门神、放爆竹、立石狮把门（主要在金融重地和商厦）等，甚至诸如看相算卦、跳神弄鬼这样蒙昧的安全活动也死灰复燃，有公开化趋势，且在一些大都市的街头也有公然打出旗号的从业人员，成为都市一怪。这些都不仅仅是单纯的消费、游戏和装饰，其间显露出人们几多真诚的平安愿望，这些现象之所以禁而不绝、并由隐蔽走向公开，说明它有着深厚的民俗基础，是广泛存在于民间的可贵的安全意识。我们应当因势利导，加强科普宣传，让其在科学的匡正下发扬光大，成为对实际生活产生实效的安全投入，只有这样，才有利于安全工作和广大人民群众的身心安全健康。

然而在实际工作中，我们不仅没有对此加强科普教育，没有对群众的做法用科技去作对应宣传和匡正，反而将这些虽然无益但非常可贵的安全活动形式说成是搞封建迷信，这样就使人们的本是出于安全愿望的善良用心在遭受指责后步入认识的误区，似乎祈求平安都是错误的，于是就忌讳言此，使本来就不力的宣传又因宣传的误导而产生副作用，导致安全工作长期难以走向社会，难以获得公众的支持。

## 二、大众传媒应提高对安全的宣传比重

宣传舆论工作历来都是党和国家团结群众、教育群众、武装群众的重要工作，旨在唤起人民群众同心同德地去完成各自承担的社会主义建设任务。当前，安全工作是"突出大事""头等大事"，而要做好这件大事，就必须加强宣传教育；要加强宣传教育，就必须充分利用大众传媒，加天对安全的宣传比重。

1. 改变对"重中之重"的忽略

安全是社会生活中人命关天的"头等大事""突出大事"，无论是个人、家庭、村社，还是企业、行业直至国家，安全都是各项事业中的重中之重，这在人民群众的深层心理中是无需质疑的，在国家的诸多事务中，也是首当其冲的。例如，我国从中央到地方都特别重视社会稳定问题。"保一方平安"早已提到各级领导的议事日程上来，且是检验领导者个人和部门工作优劣的重要指标系统，而安全工作与社会稳定在很大程度上有着直接联系。尽管安全有如此之重要地位，我们在对安全的宣传上却显得相当无力，体现在大众传媒上的分量，安全的比重相当小，由实际状况的"重中之重"变成宣传上"次中之次"，这是一件十分遗憾的事情。

众所周知，任何事情，若反复强调，利用新闻媒体作重点宣传，就会强化其印象。例如争办奥运会的宣传所取得的成功是有目共睹的。当时各种新闻媒体一齐上，不惜人力、物力、财力，花了很多时间，让一件普及性本不

很强的事情家喻户晓，无人不知，时隔两年多了，回想起来还记忆犹新。这充分说明，争办虽未成功，但宣传功勋卓著。倘若对安全也能像对争办奥运会那样，那怕只用1/10或1%的投入，可能其力度就会使人满意，其效果就会相当令人振奋。这个例子给我们一个启示，有时我们因宣传的比重没有把握好，很可能导致人们对本来是最为重要的事情的忽略，而安全现状的不佳与此不能说没有一点关系。

2. 在尊重民俗安全文化的前提下加强科普宣传

普及科技知识是我们宣传工作者的责任，利用大众传媒履行这一职责不仅是对文明的有益传播，而且这一行为本身就是文明的表现。文明从来都是照顾人类的，我们不仅要传播新的文明，我们还应尊重旧的文明，包括对民间民俗文化的尊重，因为在民俗文化中传统的含量大，其中不乏优秀可承之处，是现代文明之源，若让其返璞归真，再注入科学的内容，就可古为今用，造福于今人。

面对现实，我们处在一个文化积淀很厚、科技发展很快却又很不普及的社会环境中，宣传工作要在人民群众中产生实效必须兼顾好上述三点，采取尊重传统，因势利导，普及与提高相结合的方法才能有所作为。例如，当一座商厦落成后，商厦的使用者花很多钱请一对石狮把门，与其如此，不如把这些钱用来购买灭火器材，或改进建筑物的防火条件；当然，仅仅是为了美化门面也无可厚非，但在民俗心理中，在华夏这个文化圈里，石狮把门实在具有镇邪保安的主观意义，但尽管在这个文化圈的人都知道这个意义，单位或建设者也确实是出于这个用意，却又因为现实社会政治经济背景而不承认这个用意：承认吧，怕招人指责；不承认吧，又不能提醒人们注意安全，其结果，虽立了石狮，却不能发挥任何作用，枉费钱财。窃以为，不妨把石狮当作安全标语或标志来使用，以强化人们的安全意识，随时提醒人们注意安全："虽有石狮把门，平安仍需靠人。"这样，既是对传统安全文化的尊重，又有美化市容的作用，一举两得，为而无害。

在这方面，过去有些政治宣传方式可以借鉴。例如利用民间有贴年画、门神的习惯，把解放军的形象与"保家卫国"的字样组合成年画的内容，既满足老百姓请神镇邪以祈居家安全的心愿，又有政治宣传效果，还对传统文化作了有益的继承，深受人民群众的欢迎。我们可以从老百姓避凶喜吉的心理要求出发，丰富宣传品的内容并与民间工艺（窗花、桃符、风筝、年画等）结合起来，普及安全科技知识。

然而，事实上我们在这方面是做得很不够的，这不仅反映在对传统安全文化的利用上，就是在对现代安全知识的传播上亦是如此。这在某种意义上说，在安全文化方面，我们失落太多。

### 三、努力办好现有劳动保护安全生产报刊

报刊，作为大众传媒，具有悠久的历史，从我国古代的邸报到近代的资产阶级报纸，都以媒体的方式传播着怎样维护统治阶段的利益，宣传统治阶段的政治主张。无产阶段的报刊虽出现较晚，但也具有这样的特性，是宣传群众、教育群众的重要工具。特别是中国共产党的报纸，在民主革命、社会主义革命和社会主义建设事业中，对全体人民和各项工作起到了组织、鼓舞、激励、批评和推动的作用；在改革开放的新时期，随着信息时代的到来，虽然现代通讯及高新技术也成为大众传媒的新式武器，但报刊仍在其中发挥着不可替代的独特作用，仍然是团结人民群众、教育人民群众、推动两个文明建设的不可缺少的工具。劳动保护报刊也是如此，它在自己的专业范围内为实现党的宏伟大业发挥着特殊的作用，它融政策性和科普性于一体，是直接为解放生产力、保护生产力这一党的宗旨的实现服务的。因此，我们必须努力办好劳动保护报刊，切实加大宣传力度，政府要在这方面有实际投入，为了党的神圣事业，为了广大劳动者的安全健康、舒适快乐。

1．发挥专业优势，普及安全科技知识

劳动保护、安全生产专业报刊，以宣传安全、服务安全为己任，宗旨是为了保护广大劳动者在生产劳动过程中的安全与健康。其专业性决定了它具有较强的科普性，必须结合劳动保护、安全生产的需要，实施普及科技知识的计划，完成党报和综合类报刊不能完成的任务，这既是此类报刊的专业优势，又是全体从业人员的光荣职责，做好了，就是宣传力度的加大，而且不仅仅是喊空口号式的加大，是指导性强，操作性强的实际有用的加大。总之，劳动安全专业报刊一定要巩固阵地、扩大阵容，坚持不懈地把党和国家对广大职工的关怀与爱护及时地传达给职工，把党和国家的安全生产方针、政策、

法令及时向企业宣传，同时客观反映广大企业和职工对安全生产的呼声与建议，意见和要求，介绍他们的安全活动情况，促进他们搞好安全工作的经验交流，科学地总结事故教训，传播安全生产知识，提高全体劳动者的安全素质。

2. 走出专业圈子，为安全文化建设摇旗呐喊

事实已经证明，搞好安全生产，遏制事故发生决不仅仅是劳动行政部门和安全技术及管理部门的事，而是全社会每个成员的事；安全问题不仅仅表现在物质生产领域，在精神活动领域也普遍而严重地存在，这更证明安全问题与社会各界有关。所以，安全问题的广泛存在性决定了安全义务与责任的全民性。经验和教训告诉我们，表现在生产活动中的安全问题其原因很可能存在于非生产领域；表现在非生产活动中的安全问题很可能是生产活动中安全问题的蔓延，若以事故发生而论，二者之别仅在于空间和时间的不同。人们都有这样的生活体验，每个人都在自己的生活中有许多安全的告诫或平安的祝愿或自发的安全活动，但这些都不一定发生在生产过程中，而生产过程产生的安全问题又往往影响人们正常的非生产活动。这就是今天不少人已经认识到的，安全问题存在于人类活动的一切领域、一切时空过程中的有力佐证。

安全问题的广泛存在性决定了安全工作必须向全方位投入，尤其是在市场经济条件下更应如此。宣传教育工作亦应在这个改变了的条件和崭新认识上做出反应，以适应环境条件越来越复杂，人的安全要求越来越高的形势。安全宣传教育工作曾长期被误为是少数专家学者和安技工作者的事，把保留在民间文化生活中的安全内容都视为邪门歪道。例如言"安全""平安"尚可，言"吉凶""祸福"则不行。人们对此颇有忌讳。其结果是安全宣传的自身削弱，自我偏狭，以致成为一个孤立的行当，不利于安全（主要指生产安全）的种种要求的深入人心。

因此，从宣传的角度看，具有专业优势的劳动保护安全报刊，必须走出狭隘的圈子，把安全放回到社会文化的大背景中去，使之在自己的位置上，带着固有的文化气息，再进入人们的丰富多彩的生活，指导人们完成正确的安全观地塑造，使"安全第一"成为每个社会成员的人生价值定位。这样一来，一个具有可靠安全保障的人类活动时空就有可能形成。这就是安全文化

建设的基本内容，为它鸣锣开道，摇旗呐喊，是劳动保护安全报刊所必须承担的跨世纪的历史重任。

（1995 年 2 月稿于成都；<br>同年 4 月于北京同陈昌明联名在全国首届安全文化高级研讨会上交流）

# 企业安全文化是企业安全文明生产的基础①

一、企业安全文化与企业安全文明生产

企业安全文化是企业在生产活动中创造出来并一惯推行的，具有可学习、可同化的以克服灾难、减少损失为内容的一切精神和物质的总和。企业安全文化因企业不同而异，化工厂有毒物质多，工人有不将工作服穿回家的习惯，而其他工厂工人就不一定有这样的习惯，但都不能脱离企业的生产实际，这是企业安全文化产生之母体，这都是由生产的环境、特定的工艺条件和产品的性质决定的。例如，建筑行业的工人对高处坠落最为敏感，是因为该行业坠落事故多，而制造业对防高处坠落就比较淡薄。这就形成了以行业或企业为特征的安全文化，根本目的在于克服生产过程中的灾难，减少一切违背人们意愿的付出。做到了这一点，就能实现安全文明生产。

何谓安全文明生产？在生产实践中，做到安全生产，实际上就是文明生产的一种表现；做到了文明生产，安全已寓在其中。

文明，作为一种价值判断，表明的是文化发展中的进步方面，安全是以人为本、造福于人的一种进步的文化，这就是安全文化与文明的关系。明白了这个关系，对企业安全文化与文明生产就好理解了，它实际上是同一个现象的不同描述，因为企业是以生产而存在的，不生产，就不叫企业，而安全文化就寓在文明生产之中。当然，安全文化也有不科学的部分，例如有些迷信的作法也是安全文化的内容，但它已背离了文明。我们要弘扬的是安全文化中科学的部分，企业安全文化是企业安全文明生产的基础，而文明生产是对企业安全文化的一种超越。

---

① 原载《警钟长鸣报》1996年2月12日第6版。

## 二、安全文明生产为企业带来最大效益

企业的生产是在不同于自然环境的人工环境里进行，这种环境本身就是人类文明的体现，任何与环境不协调的行为都是不文明的表现，都会给这个环境带来损害，使整个系统受到影响而抵消效益。因为作为人工环境的企业，从设备、装置到整个系统的操作条件，都伴随有科技的进步；作为企业的员工，必须与科技进步同步，才能在工作中以合理的方式完成正常的生产和处理故障，做到了这一点，实际上就是做到了安全生产。

但是，企业在科技进步中获得好处的同时，也饱受了各种各样的前所未有的新的危害，而这些危害的致因除有技术本身的原因外，很多都是人的自身素质与科技进步不相匹配，这尤其表现在引进国外先进技术方面。据报道，有人在与外商洽谈引进项目时，有意把安全装置去掉，以减少引进费用，结果造成设备在运行中发生事故，得不偿失。像这样的引进，从谈判时就表现出一种野蛮，还别说使用中存在的与文明根本相背的问题，安全当然没有保障。从这几年的事故原因和伤亡情况来看，60%以上是违章引起，而绝大多数的受害者就是违章者，几乎全部的违章者都是不仅安全素质差，其他素质也差的人。现在工矿企业一线职工文化水平普遍偏低，文化程度高的、能干的，企业留不住，留住的一般又不在一线，不少工矿还大量招用农业剩余劳动力，再加上前几年不少员工退休退养后又尽量把自己膝下干农活都难胜任的子女弄来顶替，这些都给企业安全文明生产带来相当大的难度，影响企业效益。

## 三、企业安全文化使企业可持续发展

上一小节讲的影响企业效益的现象，都是企业安全文化建设方面存在的问题。例如，选择身心条件差的子女进厂顶替当工人，仅仅出于对企业职工生活保障系数大些的考虑，而忽略了工厂是人工环境，意外有害因素远比自然环境多得多，也复杂得多的问题。从退休者的选择中我们看出其安全文化素质太差，这一选择成为倾向的话，企业就不可能得到优秀的员工，就可能

使企业持续发展的基本条件受到破坏。

企业安全文化是企业形象的一个侧面，如果一个企业的安全理念是"事故为零"，那么，"安全"就将是这个企业第一位的价值选择，全体员工也将在这样的价值观念支配下慎重地对待自己的行动，一言一行都有对安全的考虑。企业在社会上会有一个爱护员工的好名声。例如，笔者曾在一辆公共汽车上观察到一件事情。那是一个大雾天，汽车不能快速行驶，几个贩菜的人嚷着让司机开快点，可一个中年人就反对开快车，他说：雾那么大，开快了危险，要说急，我比你们还急，还有几分钟就上班了，遇上这个天气，有什么办法。这个中年人是在车开到一家钢铁厂时下的车，按他说的上班时间已过了一刻钟。这个故事说明，国有工业企业职工安全素质比较高，还说明企业安全文化的作用相当大，他不仅是本企业发展的基础，也能同化或影响别的行业和企业及周围的人。

企业要持续发展，最好是设法让社会各方都知道这里是一个真正能安全工作的好地方。这就必须搞好安全文化建设，安全文化建设有利于企业搞好公共关系，有利于社会舆论对企业的赞誉，既提高现有员工素质和荣誉感，还能吸收社会上高素质人才来充实企业的力量，使企业发展持续稳定进行。

（1995 年 12 月稿于成都）

# 宣传与科普是企业安全文化建设的重要手段①

## 一、怎样在企业实施安全宣传

宣传包括在广义的教育之中，宣传的目的在于教育。就安全宣传而言，直接的目的在于使人保持对安全的关心。企业的安全宣传首先要争取决策层对安全问题的重视和兴趣，得到各级管理者的重视与支持，并由他们主持才能着手开展一些具体的宣传活动，以增进普通员工对安全问题的理解和兴趣。如果企业的安全活动仅靠少数安全专业人员去奔忙，就容易使工人感到安全之事与己无关，这在感性认识上把员工对安全的关心拒之门外，不利于形成企业的安全文化氛围。

安全宣传的教育功能在于培养工人和管理人员对安全的积极态度。态度表现于行动，就是习惯，并非知识与学问问题。习惯具有非智力性。如果一个人有着良好的安全习惯，他即使不懂安全的具体要求及操作技能，但他却可以主动地去学习。有了知识技能，又有对安全的积极态度，并形成习惯，这是最有利于安全生产的。然而，安全宣传的这些作用并不是所有决策者和安全管理人员都明白的。因为宣传尽管可以培养工人正确的操作习惯和工作态度，但它并不能改变不安全的客观条件，要改变仍离不开工程与技术。所以，宣传往往受到忽视；另外，即使宣传的作用使工人有了安全习惯，可有了安全习惯的工人，会常常在有可能导致不安全的客观条件出现时，要求停止作业，企业决策层和管理层又会从不影响生产的角度，要求继续作业，这时就会发生要安全还是要生产的矛盾。事实上，企业普遍存在这类矛盾，隐患虽已出现，事故并没发生，不少经营者就有侥幸心理。而且发生事故的原因又是复杂多变的，很多隐患是很难说准何时转化为事故。所以，侥幸总是

---

① 原载《警钟长鸣报》1996年3月18日第6版。

存在的，因侥幸而导致的"违章指挥"和"违章操作"就在所难免，这也是近年来事故原因60%以上是"三违"的症结之一。

## 二、科技普及与安全文化

前面从感性方面论述了为什么要实施安全宣传和侥幸心理产生的原因。其实，要消除侥幸心理需借助科普教育的手段，也就是要从理性的高度去认识生产中的隐患，并首先要通过科普教育提高工人的安全文化水平，消灭存在于主观世界的隐患，才能去除侥幸心理，改造不安全的客观条件，有利于生产的顺利进行。

科普教育在安全文化建设中，具有从根本上改变安全文化结构的作用，以提高安全文化的质量。在企业，要告诉工人的，不仅是专门的安全知识和技能，而且是全部的设备性能、工艺流程、操作技术，这些均与安全有关，必须认真学到手，烂熟于心，才能使自己成为一个具备相应安全素质，符合企业生产需要的工人。做为一个工人，不能说你不想死或不想受到伤害就合格了，因为这还停留在人对安全的本能的要求状态，最多可叫做有了低级的安全意识；只有掌握了正确的操作技能，有了排除故障的能力时，才表明你具备了适合在工厂环境里进行生产作业的安全素质。企业安全文化建设的根本目的，是提高工人的安全素质，工人安全素质的高低，取决于结合企业实际的科普程度，这也是企业安全文化的科技含量的综合反映。

## 三、安全科普宣传怎样切合企业实际

长期以来，以大学、中专毕业生占企业总人数的比例大小来衡量企业员工素质的高低（除少数专业对口的外，绝大多数学非所用。学非所用，其文化程度就要大打折扣），实际上，企业的操作层文化程度均在高中以下，管理层也很难达到高中以上；决策层也不比前两者好多少，不少企业领导者昨天是党委书记，今天是厂长（经理），明天又摇身一变，成了工会主席。许多人把读大学作为目的（社会、家庭也是这么误导的），大学毕业一参加工作就盲目改行，根本就不想搞自己的专业。团中央最近公布的一项调查表明：六成事故源于青工的劳动技能低下。因此，在企业员工生产专业知识尚缺的情况下，普及安全科技知识，这就意味着安全宣传教育面临双重任务。只有正视这一现状，才能切合企业实际开展工作。当然，不同企业有不同的情况，除了要正视这一现状外，还要特殊情况特殊对待，在满足企业生产所需专业知识的前提下，充分利用不同专业大杂烩的知识结构，取长补短，形成一个知识全面的员工群体，这样就对安全生产有百利而无一害，也符合现代企业安全文化建设对技能和知识的全方位需要。

郑州高新技术开发区一食品添加剂厂因爆炸厂毁人亡，可是要说该厂的人员素质，单从个人学历看，是高素质的群体，也可谓知识密集型企业。但从该厂具有化工生产特性的情况来看，全部人员都不是学化工的，而是学粮食加工储运的，因专业不对口而导致素质偏低，更谈不上安全素质了，工厂为什么会发生爆炸，该厂的大学生们一个也不知道。

因此，在企业进行安全科普宣传，对于那些懂得生产特性的，主要是安全态度教育，使其时刻保持对安全的注意和关心；对于那些不懂生产特性的，重在晓以利害，生动形象地灌输安全知识，提高他们对安全的兴趣，辅之以事故照片、电影、电视科教片等，促使他们头脑中固有的本能层次的安全意识转化为生产操作中的安全素质和习惯。

（1996 年 1 月稿于成都）

# 从娃娃"抓"起，对企业安全文化
# 建设有何重要意义①

## 一、娃娃是人力资源的后备军

现代企业对高素质的人的需要已无须证明，人的素质诸因素中，安全素质的高低不能不说是代表人的素质高低的重要因素。高素质的人从哪里来？加强对企业现有员工的培训是一个来源；不断补充合格员工又是一个来源。本文要论述的是怎样才能补充到合格的员工，以及合格的员工从哪里来的问题。咋一看好像企业在这方面无能为力，但是，企业也程度不同地对这个问题做出了反应，因为国家办得工科大中专满足不了企业发展的需要，不少有条件的企业自己开办了技工学校或与教委联合办了职业中学，这些作法都是与企业生产实际结合得最紧的社会办学方式，既解决了国家单独办学的经费困难，又为企业培养了适岗的人才。仅此还不够，企业必须全方位地考虑自身的发展，把从娃娃抓起看成是企业扩大再生产的重要内容，按企业员工的主要补充渠道或行政区域，与当地中小学联合搞一些涉及安全的活动，既有利于娃娃们自身当前的学习生活安全，也使他们形成安全的习惯，准备将来当一名合格的劳动者，又使他们在工作中的爸爸妈妈安心工作并经常提醒其父母注意安全。企业在这方面的投入无疑对形成本企业现实的安全文化氛围有利，更有利于企业长远的安全文化建设，促进企业的生产和发展。除此之外，企业主动地参与这项与自己有关的事务，还能有效地改善企业同社会的关系，为企业赢得一个安全文明的声誉，这就从企业行为方面提升了企业形象，使本企业对欲就业者产生强的吸引力。企业可以像支持"希望工程"或"温暖工程"那样，向当地教委捐资，明确表明用于对中小学生的安全教育，

---

① 原载《警钟长鸣报》1996年4月8日第7版。

还可以考虑成立"XX工厂娃娃安全教育助学基金会"等，这样做肯定会大大提高这个工厂的知名度和信誉，树立起以安全文化为特征的企业形象，既教育职工，又为企业今后能补充具有安全素质的合格员工打下了基础。因此，出点钱从娃娃抓起是一种战略眼光，娃娃是人力资源的后备军。

## 二、普通教育应有安全常识课程

我们办教育，无论是特殊教育还是普通教育，其目的都是为社会培养合格的劳动力。其中相当一部分是补充到物质生产部门，从事以脑力或体力为物化劳动方式的操作。过去，我们的普通教育一直没有把安全当作学生的一种能力来培养，把部分教育推给了企业，要求严格的企业一般能够完成这项教育，例如国有企业。不严格的，就很难说，如部分乡镇企业和个体企业。至于到行政或事业单位工作的学生，这方面基本上可以说是空白，而这些人中不少人还管企业。

中学毕业生进厂当工人，一般都有一至三年的学徒期，除工厂"三级"教育外，学徒期间还能不断地增长安全见识。但受过中等以上专业教育的学生，进厂就是技术员或助理工程师，这类人能够受到的安全教育就更少了，无形中造成企业的用工不符合生产的需要，降低了企业的整体安全素质。例如某化工厂的一名大学毕业生，工程师，很快就要提拔当车间主任了，却于大白天在现场操作落到一个深冷罐里冻死。

上述说明，普通教育应分幼儿园、小学、中学、大学几个阶段设立安全常识课程，纳入学习成绩考核内容。例如幼儿园、小学重点是交通安全、防火安全；中学重点是结合物理、化学、生理卫生等课程讲授相关的安全知识和简单的应急救护知识等；大学重点是与专业结合紧密的安全能力培养。要使学生明白这样一个道理：不懂安全知识，没有应急能力和避险逃生本领，就不能毕业。学校也不向社会输送不具备安全知识的人。

## 三、扮演好既是企业员工，又是为人父母的社会角色

一般而言，我们每个人按所处环境或相互关系划分，都具有诸多社会角

色。例如在家庭，我们是爸爸、妈妈，爷爷、奶奶，儿子、女儿等；在学校，我们是学生、教师等；在工厂，我们是职工等等。这里，我们就拿企业员工来说，我们既是企业员工，又是孩子的父母长辈，怎样结合企业安全文化建设来扮演好这些双重角色，是具有十分重要意义的一件大事。

1. 利用双休日，带孩子出游搞野餐，给孩子出一些动手做事的题目。例如今天野餐的全部操作由孩子承包，孩子做得好，鼓励一番；做得不好，比如扎了脚，烫了手，饭菜没做熟等，就结合这些事情给孩子讲怎么做才不会出事，然后就推演开来，讲到爸爸妈妈上班若不小心也会出事，而且要是真出了事，是很可怕的事，让孩子学会关心父母工作中的安全，随时互相提醒。这不仅有利于孩子的安全，也有利于大人的安全。

2. 中小学生安全重点在交通，父母要从抓孩子的交通安全入手，比如给孩子准备一顶黄色或红色的帽子，或者做一条彩色的绶带，让孩子在上学、放学的路上以及过马路时戴上，以提醒司机注意有孩子路过，小心驾驶。这既可有效地减少交通事故，有利于运输企业的安全生产；也对孩子本人有利，对独生子女家庭有利；更对培养孩子从小注意安全，长大后成为劳动者，成为用人单位具有安全素质的合格员工有利。目前北京等城市的一些小学已经这样干了。如果自己孩子所在学校没干起来，做家长的，我们不妨先干起来，这只是举手之劳。

3. 父母自己的行为、言语，一定要成为孩子的安全楷模，例如就像告诉不准随便吐痰那样告诉孩子上班为什么要穿工作服，下班回家为什么不能穿工作服；为什么公共汽车进加油站加油乘客都要下车在外等候，为什么车内不准吸烟；为什么爸爸妈妈不能带孩子到工厂里去等等。

这些作法，不仅对我们完成自己的社会角色的塑造具有独特的意义，而且更重要的是为企业安全文化建设打下了基础。

（1996 年 2 月稿于成都）

# 大力倡导和弘扬安全文化
## 是提高员工安全素质的主要途径[①]

### 一、安全文化与安全素质

安全文化是人们为了追求自身安康、社会安定、财产不受意外损失的知识、观念、制度、法规和组织机构的总和。安全文化不同于企业文化，它有广泛的社会性、涉及到人类活动的各个领域。因此，小到一个企业、车间、班组乃至个人，大到一个国家，一个地区，都存在着安全文化建设问题。过去，有人认为："没有生产就谈不上安全工作。"这种看法带有一定的片面性和局限性，从全社会来讲，它容易使人忽视除生产、劳动以外的生活安全，是狭隘的安全文化论；现在有人认为"安全文化是工业文化，仅存于工业社会"，但从人类与灾害斗争的历史来看，它容易使人忽视非人工环境里的安全问题，是一种割断历史的孤立的安全文化观。企业安全文化建设，一定要以全面的安全文化观为基础，不要排斥生产领域或非人工环境的那些可贵的非技术性安全作法，也不要小视那些因人而异的种种忌讳或谨小慎微，倘若这能成为企业全体员工的安全素质，可以说事故的人因问题就消除了。这里所说的安全素质，准确的说应该是安全素养。在安全文化中，安全素养比安全意识更重要，安全意识解决的仅仅是主体不愿意受到伤害的问题，而安全素养解决的是人不会受到伤害和防止事故发生的问题。有时发生伤害事故，我们常常会对受害者说：你怎么一点安全意识都没有。其实这有点冤枉人，谁愿意受到伤害，谁愿意死？但确实存在着安全素质差的问题，安全文化建设主要就是要提高人的安全素质。

### 二、倡导科学的安全文化

人对大千世界的认识任何时候都存在着局限性，安全文化作为人对客观

---

① 原载《警钟长鸣报》1996年5月20日第4·5版。

世界的认识的一个方面，也存在着局限性。但它作为人类历史的事件主流又总是会影响着后世，其中不乏有局限的部分。例如，洪荒年代，人类处于原始状态，对自然现象无法理解，在预感到要受灾或受到自然侵害时的一些做法都带有历史的局限性，我们不能全盘否定，亦不能全面继承，这就是倡导安全文化必须注意的问题。

近几年，不断有这样一些事例见诸报端，某企业老出事故，生产上不去、经济不景气，厂领导不在管理上、员工综合素质上找原因，而是祈求神灵保佑，并花大钱请巫婆神汉为企业驱鬼消灾；还有的企业大搞开工典礼，由厂长亲率职工向财神膜拜，祈求开工大吉、财源滚滚来；除此之外，在许多文明的大城市，一些商厦和金融重地，近几年也出现了立石狮把门的现象，甚至在首都的一家报社新盖的大楼门口，也立了一对石狮，如果说是为了美化，而石狮与整个建筑在风格上很不一致，与环境也不协调，能说是美化吗？那么又是为了什么呢？其实，这些都是传统的安全文化习俗在今世的保留。但是，这些都是应当经过改造、去伪存真之后才能保留的东西。因为不管怎么说干这些事的人们在心理上总还是受到民族传统文化惯性地影响。这正说明不少人的安全文化水平还停留在局限性很大，社会化大生产出现以前，还不能正确解释灾害想象的阶段。社会化大生产促进了安全文化的发展，使科学的含量越来越高，技术性和可操作性越来越强，与现实人生距离越来越近。例如我国企业长期的劳动保护与安全卫生工作，安全技术与管理工作等。社会化大生产需要人们具有现代安全知识和技能，将知识和技能运用于生产和工作当中，并形成态度长期保持下去。

三、非智力因素的安全素质的培养

非智力因素的安全素质的培养，是企业安全文化建设解决人的本质安全问题要达到的最高境界。人的保护自身方式有两种，一种是表现为本能的条件反射，另一种是经过学习获得的具有安全意义的知识与技能。前者是非智力的，后者是加入了智力的。我们所说非智力安全素质是指智力后安全素质，也就是说，这种安全素质是经过学习成为人的技能的一种习惯性条件反射。关于这一点，在过去企业的安全培训里，是通过安全的态度教育来完成的。

但安全的态度教育只要求工人积极地运用所学到的安全知识和技能，达不到智力后安全素质，也即人的本质安全化的要求。企业在生产过程中，经常发生一些不利于生产的现象，这些现象一开始很难说跟事故沾边，但发展下去，很可能阻碍生产，甚至酿成事故，伤人毁物。操作者在处理这些故障时仅仅是一个习惯性动作或者一个反习惯性动作就可完事大吉。例如某化工厂的一名泵工曾有这样一个体会，一次刚接班不久，接到调度电话，叫启动"X号"水泵，他立即产生警觉，因为接班时得知该泵刚检修完毕处于备用状态，但查看现场，泵壳油渍斑斑，这唯一的表面的不正常使他连想到该泵内部可能有异，他拒绝启动水泵，叫他说个为什么，他也说不清，总感觉到有问题。经查，该泵蜗壳内有一团油棉纱和一颗螺栓。这在工作当中是很平常的事，一般而言，作为操作工，按调度令正常启动便是，何必去想那么多，又何必去管涉及其他工种的事。但如果人人都有这种敏感，事故就会减少许多。

这个例子说明，非智力因素的安全素质在企业员工的培训方面一定要作为重点来抓。如果这个操作工在接到指令后，按安全操作规程正常操作，水泵的叶片肯定要打坏，可见非智力安全素质的重要性。

另外，定置管理在机械加工、机器制造等企业的安全生产方面具有突出意义，而实施这种管理仅仅是一种强行要求而已，没什么技术难度，只要合理摆放，形成习惯便是。天津减速机厂生产现场的定置管理可谓楷模，工件摆放按工序井井有条形成流水线，给人以文明整洁、通道宽敞、省工省时又安全的印象。定置管理由人实施，表现为人的非智力因素的安全素质，形成现场或操作环境，是物的本质安全的体现，这是企业安全文化建设应当追求的方面。

（1996 年 4 月稿于成都）

# 怎样推动企业安全文化宣传教育工作①

一、开创安全活动的广泛参与新局面

过去的安全周、安全月活动，主办者的主观愿是想大造声势，引起全民重视，形成社会效应；然而实际效果是，一次比一次强烈地让人感觉到安全是搞安全的人的事，近年来还给人以安全是劳动行政部门的事的印象，而安全在劳动部门仅仅是一个方面的工作。因此，参与安全事务，关心安全工作由安全人员的事到劳动部门的事，再到劳动部门部分人的事，范围越来越小，不管你口号提得多么响亮动听，主题多么鲜明切实，缺少了全民参与，就难达到目的。企业内部也程度不同地存在着类似的情况，要改变此局面必须做到：①企业一把手必须亲自参加全国性或地区性安全活动；②企业内部的安全工作必须由各级一把手亲自布置，分管领导和安全部门只对工作完成情况起检查监督指导作用。做到这两点，员工们就不会被误导，消除安全工作就是安全部门的事这种认识，它能使人感受到：安全工作是企业的重要工作之一，安全工作是厂长布置给全体职工的任务，是我们必须完成的对公对私都有好处的任务。这样就产生了参与效应，有利于安全文化在企业的发展，有利于企业生产任务的完成。

谈到一把手亲自过问安全工作这件事，还有一个不是发生在企业的趣事值得一提，第二次全国安全周第一天，某市搞了一个颇具规模的宣传活动，分管副市长到街头参加了宣传活动。晚上，当地新闻播送了活动盛况，接着又播了一条经济新闻：该市新落成一家大酒店举行开业典礼，该市市长到场剪彩，时间正与安全周活动开始时间相同。这二者本风马牛不相及，但可见安全工作在该市市长的心里还不如一家酒店开业重要，市长有空去剪彩而无

---

① 原载《警钟长鸣报》1996年6月24日第6版。

空参加安全活动，值得深思。江泽民主席 1986 年任上海市市长时亲自抓安全工作已为我们树立了榜样，企业的厂长、经理们一定要把握住这一点，你的一个很容易的行动，换来的却是全体职工对安全的参与，这将比你只依靠分管厂长或安全部门强许多，因为少数几个专业人员即使是有三头六臂，费九牛二虎之力也不及全员的参与有效果。

## 二、把"三不伤害"杜绝"三违"与道德教育结合起来

最近，中共中央、国务院领导对发扬民族的传统美德，创建人类先进的精神文明表现出特别的关注。道德问题确实已是当今越来越显苍白，在一定程度可以说是沦丧，不能不提及的事情了。安全工作中的"三不伤害"的全部内涵都包括在道德范畴里面，企业安全文化建设的出发点与归宿都是"三不伤害"。做到了"三不伤害"，你这人就是一个高尚的，有理想、有道德的人。因此，你这人道德品质如何，高尚与否，就看你对安全的态度如何，就看你在生产中是否能做到"三不伤害"；而能不能做到"三不伤害"就反映出你的安全文化素质如何了。"三违"是对"三不伤害"的直接否定，有"三违"习惯的人无疑是品质低劣者；"三违"现象严重的企业，无疑是精神文明和道德建设极差的企业。例如：允许死亡多少人的指标管理模式；企业领导利用职权把子女从危险岗位调走，以减弱对危险部位的担心，或雇农村剩余劳动力干脏、累、苦、危害大、危险性强的工作；短期行为，违章指挥、违章作业、冒险作业等等。这些都既是安全问题，又是道德问题；这些问题又都是企业最常见、最习惯的事情。人的行为一旦成了不利于人的习惯（例如吸毒之类），实际上就演变成了一种反文化现象，这种反文化现象的危害事实不用列举，读者可从近几年国内已公诸于众的几起令人震惊的事故的背景材料中得知。

（1996 年 4 月稿于成都）

# 站在安全文化的高度来认识企业的安全工作[①]

## 一、企业安全工作的局限性现状

要说我国企业安全工作的现状，只有以国有企业为例还有可谈之处，因为国有企业的安全工作建立在原来的劳动保护工作基础之上，是企业安全工作做得好的部分。尽管如此，仍有许多局限性，与经济体制的转换不相适应。主要有如下一些现象，一是"非技术不言安全"，这主要表现在企业决策人或安全负责人对安全工作的认识方面。例如会进行校验安全阀的操作或会作动火分析等才能当安全员。把安全工作狭隘化，即使是长期从事安全工作但由于不负责技术，就得不到从事具体的技术工作的那部分人员的待遇，评职称也东挂西靠，人为的把安全工作搞得深不可测，不能形成员工的广泛参与。二是与之恰恰相反，许多企业的领导人认为安全工作不外乎就是在生产现场巡视巡视，当当婆婆嘴，提醒工人注意安全，或者出了事故作些善后处理，没什么技术可言，导致员工对安全工作的鄙视，干安全工作的不愿从事安全工作，干其他工作的忽视安全工作，不关心安全工作。三是管理上指标控制，这不仅不科学，甚至还很不道德。这几年企业瞒报、迟报、谎报事故的现象相当严重，企业内部车间或分厂事故超标还可通过统计渠道向相关车间转移，只要不影响企业整体利益，以达到大家都不超标的目的就行，这样既不影响上级的抽查考核，又能使大家都有一个好名声。如此这般，处理事故"三不放过"的原则便彻底丧失，吸取教训，避免同类事故重复发生就成了一句空话。四是安全教育走过场，考试不严格，人人都过关，上级政府部门对厂长经理的考核由安全部门出人代劳等现象严重。除此之外，有些企业还在体制

---

① 原载《警钟长鸣报》1996年7月29日第6版。

转型中撤并安全机构，裁减安全人员。这些作法除了表明决策者对安全的不屑而外，还具有向员工的一种暗示：安全不重要。因此，企业员工对安全的注意就被冲淡，很难形成因习惯而产生属于企业自己的文化现象。

## 二、安全工作的文化承袭与当代追求

建国以来，我国出现了四次事故高峰，每次事故高峰都与国家的经济政策或政治形势变化有关，这主要是从工矿企业事故统计来观察的。这说明了什么呢，这说明我们长期以来仅仅把安全当成一项由部分人从事的工作或阶段性任务来抓，没有把它真正作为"人人有关、人人有责"的文化来建设。就因为安全是一项工作，不干这工作的人就无法参与，无权参与；干安全的人难免因整个工作的是否被重视而影响工作的绩效。第四次事故高峰最能证明这一点。如果安全不只是作为一项工作，而是作为一个关系国家、民族生存的文化来建设，并赋予它社会主义的时代意义，举国上下都受着这种文化的熏陶，让每一个人把关怀安全、尊重他人生命、珍惜自己生命作为一种美好的文化习俗和道德准则，那么，即使对工作做怎样的调整，对任务做怎样的布置，也会把安全摆在"第一"的位置上，决不会出现此一时彼一时，一阵热一阵冷的现象。这就是倡导安全文化的历史必然及现实背景，也是对安全问题深思熟虑后提出的具有现实意义和无法估量的深远历史意义的明智方略，它还充分体现了安全工作所具有的文化继承性，并且还是一份应该继承的安全文化遗产。

当代企业的安全工作重在预防，而从文化上预防最安全。它主要解决的是人的本质安全化的问题，在把教育作为优先发展战略来对待的今天，意味着人才培养的被重视，如果人才不是安全人，没有安全化，那么人才不仅可能自毁，还可能毁人。洛桑是人才，可洛桑自毁；深圳安贸公司的经营者是人才，可毁人又焚财。这些例子不胜枚举，这些都说明企业安全工作要面向未来，重视人才的全方位培养，对个人而言，提高安全文化素质，对社会而言，形成有利于公众安全的文化屏障。

### 三、科技进步与推广是企业发展的后劲

企业是生产部门，不是科研部门，但企业生产涉及科技的推广与应用，企业发展又涉及科技进步，即新技术的争先恐后的用于生产。一句话，企业生产需要科技，企业发展离不开科技。但科技是抽象的，只有被人使用才能成为生产力，只有成了生产力才能创造供社会所需的物质财富，造福于人。企业正好就是科技转化为生产力的实体——人、机、物，及其由这三者构成的环境，其中人的因素在这个实体中是首屈一指的。

但现在不少企业经营者非常忽视这一点，认为财富是机器创造的，如果没有先进的机器设备系统，人再能干也无济于事，因而不重视对人的培养与保护。但他们忽略了这一点，先进的机器设备不代表机器本身，它代表的是人的物化劳动。所以，企业要确保有发展后劲，就必须重视对人的培养，吸收和保护优秀的员工；否则，有钱买先进的设备，却养不住先进的人，或者买了先进的设备，又没有先进的人来操作，作为以追求利润为目的的企业来说，就难逃高技术低效益的厄运。近年来，有些乡镇企业的发展远远超过同类国有企业，除了经营手段方面的原因而外，不能不考虑"星期天工程师"和部分"停薪留职"及跳槽的优秀人才的作用。因为这里面有个心理上的因素，即乡镇企业经营者相对而言比国有企业经营更需要人才，因而更尊重人才，这就是人们常说的乡镇企业、个体企业出帅才，而国有企业只能出将才的原因。我们通过全面的观察分析乡镇企业的良性发展，可以消除一些偏见，悟出其尊重知识、爱惜人才的道理。

### 四、安全知识的普及与运用是企业发展的保障

以上论述了企业生产对科技的需要和对人才的需要，从中可见现代企业发展的根本之所在。既然人才那么重要，我们就应该认真地、努力地保护好人才，并通过人才使先进的设备充分地、安全地发挥效能，以最少的代价创造最多的社会产品。

先进科技成果转化为生产力，提高了劳动生产率。从物的因素来看，设

备之所以先进，就在于它能接受更大的能量的输入，而这个被输入了更大能量的设备或生产系统，有时会因为人的失误或其他原因违背人的主观愿望而释放能量。这样的释放就产生危害，释放得越多，危害就越大，这就是我们通常所说的事故。那么，为保障企业的正常生产，企业首先要拥有与先进的设备系统相匹配的操作者群体。这个操作者群体除了要具备操作这个系统必备的生产知识外，还必须具备丰富的一般安全知识和专业安全知识，并使这些知识成为有利于实际操作的技能，才能满足生产的需要。

企业在向员工普及安全知识的同时，必须排除短期行为，一定要考虑企业的可持续发展和对人的生命的尊重；员工在接受安全教育时，一定要明白这不仅是企业生产的需要，最主要的还自己的需要，作为企业的一员要适应这种需要。

郑州市高新技术开发区一家食品添加剂厂被夷为平地，其根本原因就在于有先进的生产设备而没有懂技术、懂安全的人。这个厂在爆炸时，厂长也没幸免。要说文化程度，大多都是大学生，但都不是学化工的，仅仅是粮食局想搞一个食品添加剂厂，根本没有想到食品添加剂的生产工艺是化工，就由一帮连爆炸是怎么回事都不明白的大中专毕业的粮食管理干部去干，怎能保证安全生产。

因此，企业普及安全知识是与企业追求利润完全一致的，作好了，不仅经济效益有保障，社会效益也有保障，就会建立起以安全文明为标志的企业形象，形成能保障其可持续发展的内外环境。


五、企业安全工作的广度与深度


今后，企业安全工作将会比以往任何时候都显得重要，亦显得复杂。无论企业的经营者与安全负责人是否意识到，它都会不折不扣向你提出要求。因为许多新问题、新情况将紧紧不断，层出不穷。例如，经济体制转型的完成，现代企业制度的实施与所有制关系的调整，城市化进程的继续加快与农村剩余劳动力的大量涌入，乡镇企业的大发展与随之而来的职业病高发和环境公害，人民生活水平的继续提高与第一批独生子女全部进入劳动力市场，科技的飞速发展与不普及和新文盲的继续存在，人身工伤的急救当否与医学问题即死亡发生的非事故现场因素，各类保险与预防问题等等。这些都会成为或者已经成为安全工作必然要涉及的内容，且这些内容之间会以种种矛盾的形式统一于我们必须去做的安全工作之中，向我们提出关于生命的、哲学的、道德伦理的、法律权力的诸多问题，而这又是我们现有的知识结构，认识能力和思想观念所不能令人满意的做出回答的问题。

最近，劳动部制定了"九五"期间安全生产的规划纲要，可以说这是在本世纪末为企业敲响的最后的长鸣警钟。因为我们的社会目标是要让人们生活得更加美好圆满，但我们又总是一次又一次的付出可以不付出的沉重代价。正是这样，企业安全工作才显得重要；正是这样，企业安全工作才增加了难度和空前的广度，且更具挑战性。

（1996 年 6 月稿于川化一村）

# 安全工作是精神文明建设的重要方面[①]

党的十四届六中全会做出决议，要加强社会主义精神文明建设，并把这一跨世纪的战略任务看成不只是为确保物质文明建设不受破坏，而且将其上升到关系社会是否变质的高度来认识。这是针对性极强的警世钟、清醒剂，是党处于执政地位的一贯方针的继续。它明确告诫我们，社会主义市场经济体制不仅同社会主义基本经济制度结合在一起，而且还同社会主义精神文明结合在一起；它旗帜鲜明地反对见利忘义、唯利是图的行为，鼓励并支持一切有利于解放和发展社会主义社会生产力的思想道德。

由此可见，作为与人民的社会生活及物质生产密切相关的安全工作，其内容无一例外地都是精神文明的题中之义。精神文明建设是安全工作的内在动力，是安全生产和生活的保证；安全工作的动机与目的都可以在精神文明的丰富内涵里找到答案。因此，切实做好安全工作，实现安全的生产与生活就不只是物质文明的表现，而且还代表了社会精神文明的程度，此举义利得兼，何乐而不为？

大家知道，安全工作的根本目的是保护生产力、发展生产力，并使社会发展的代价达到最小。在生产力诸要素中，活的要素是人，死的要素是国家、集体、个人的财产。显然，安全工作的根本目的与《决议》所倡导的社会主义道德是一致的，是尊重人、关心人，对社会、对人民负责的以为人民服务为核心的社会主义道德的重要表现形式之一。

然而，要建立这样的认识亦非易事，首先得更新观念。习惯认为，安全工作仅存于物质生产、生活领域，仅是物质文明的组成部分；但是事实证明，客观存在的种种安全问题都大大超出了这个范畴，许多难以解决的问题和屡屡发生的各类事故告诉我们，再继续囿于物质生产、生活领域去寻求安全对

---

① 原载《警钟长鸣报》1996年11月11日第1版，以"本报编辑部"的名义刊发。

策，虽能治标，但终为权宜之计，实不可法也。

当然，安全工作的作用范围确实是在物质生产和生活领域，安全生产与生活也因此被视为一种经济行为。但它在这一领域里是以一种保证人们的生产和生活正常进行的手段或形式存在的；而它的目的却是以一种能代表社会整体形象和综合体现公民的思想道德修养、科学教育水平、民主法制观念这一更有价值的形式而存在的。因此，我们必须看到这两种存在；我们更应明白这两种存在的缺一不可。目前正在大力倡导的安全文化很好地体现了安全的这两种存在，并为"两个文明"的互通架设了一座桥梁。

过去，我们没有把安全工作当作精神文明建设的大事来抓，根由就在于我们忽视了一种存在。每次出事故，我们都能在管理上、技术上找出一大堆原因，而每次事故的原因也都大致相似。为什么我们老犯相似的毛病？为什么我们找得到原因又解决不了问题呢？那是因为我们把结果当成了原因，换言之，我们没有找到原因的原因——没有认识到这里面存在着精神文明建设的问题——由于没有把安全工作纳入精神文明的范畴，所以就没有能从这一领域去寻求治本之策。纵观"三违"这一当今伤害生灵、破坏生产的头号"杀手"，如果不从精神文明建设着眼，"三违"还将肆虐逞凶而不可收拾。

近年来许多典型的重特大事故，诸如深圳"8·5"大火、克拉玛依"12·8"大火、四川德阳"12·8"楼房垮塌事故、四川简阳"6·29"爆炸等，都被认定为责任事故，这说明了什么？责任又意味着什么？这些都是我们应对对照《决议》去认真思索的大问题。

作为社会主义社会的一员，理应知道责任就是我们肩上的担子，能否挑起和挑好这付担子，就集中反映了我们的以思想道德修养、科学教育水平、民主法制观念为内容的素质如何；它是衡量我们是否符合"四有"公民条件的尺度。我们一定要有一种紧迫感、使命感，要把我们所从事的安全工作作为精神文明建设的重要方面抓紧抓好。具体讲就是要结合社会主义道德建设，开展以"三不伤害"和反对"三违"为内容的安全活动，最大限度地减少一切责任事故的发生。我们要让全体社会成员知道，"三不伤害"的全部内涵都包括在道德范畴里面，做到"三不伤害"，就可以使自己离"四有"公民的标准近一点。因此，人们的道德品质如何，思想高尚与否，从其对安全的态度怎样，从其在日常生产生活中是否能做到"三不伤害"来看便可做出判断。

"三违"是对"三不伤害"的客观否定，有"三违"习惯的人，无疑是品质低劣者；"三违"现象严重的企业，无疑是社会主义精神文明建设和道德建设差的企业。对这一点，我们一定要有足够的认识，唯有如此，我们才能提高思想水平，重新评价我们的工作，自觉地站在精神文明建设的行列中去履行我们的职责与义务。

（1996 年 10 月稿于成都）

# 浅谈公民素质与克服 "三违"①

——安全工作与精神文明建设系列评论之一

通常，人们在谈论安全这个话题，尤其是涉及事故的人为原因时，总有这样的感慨，即："中国人的安全意识太差了！"其实，这很不准确。理由很简单，那就是"谁愿意去死？谁愿意受到伤害？"所以，应该说任何人因事故，都不是由于人没有安全意识，而是由于其安全素质差所导致。正如今年年初吴邦国副总理所指出的那样："因管理不善、违章指挥、违章作业、违反劳动纪律而发生的事故占70%以上。"这就是说，绝大多数的事故是非过失性人为事故，从中可见我国社会公民的安全素质是何等地低。

安全素质是人的整体素质的一种反映，它分别寓在思想道德修养、科学教育水平、民主法制观念这三大构成人的基本素质的内容之中，而三者间又以前两者为条件，条件越充分，法制观念就越强，反之则弱。法制观念强的人，自律能力就强，其行为多以遵章守纪为特征，并形成习惯作用于日常工作和生活的方方面面。达到这种素质的人，无论何时何地，是领导，不会违章指挥，是工人，不会违章作业，并能很好地履行各自的职责，遵守职业纪律和职业道德。由此看来，公民素质的提高与安全工作的关系甚密，亦可见提高公民素质的现实迫切性与适应未来发展的必要性。

最近，党的十四届六中全会把提高公民素质，作为今后15年精神文明建设的主要目标之一，这既是一种远近兼顾的社会需要，又是对每一个社会成员的基本要求。

当前，我们首先要抓好增强公民法制观念的工作，这是克服安全工作的最大障碍"三违"，依法保障安全的有力措施，既结合了安全工作的特点，又

---

① 原载《警钟长鸣报》1996年11月18日第1版，署名"雅彦"。

可解决安全工作的难点。

公民素质的提高有利于安全工作，安全工作的成效又代表着公民素质的提高，二者相互依存。从实际情况看，整体的安全工作本身就包含有提高公民素质的内容，诸如职业安全培训、岗位安全教育等。不要以为这是在扩大安全工作的范围，这只是在对安全工作的意义作更深层次的揭示。难道不是吗？遵章守纪可以减少70%以上的事故发生还不足为证？因此，作为公民，理应懂得与自己工作和生活有关的法律规章，依法办事、依法律己、依法护己，这样，才能有效地履行自己的权利与义务，成为一个以"三违"为耻辱，以遵章守纪为光荣的行为文明的人。

（1996年10月稿于成都）

附 2：

# 安全工作与社会主义义利观①

## ——安全工作与精神文明建设系列评论之二

"见利忘义"历来被中华民族的传统美德所唾弃，也与社会主义的义利观格格不入。那么，什么是社会主义的义利观呢？答曰：把国家和人民利益放在首位而又充分尊重公民个人的合法利益。这是党的十四届六中全会决议所指出的，语句中虽没有直接道出"义"在何处，但"义"已尽在不言中。它告诉我们，要义利结合，以义取利。如果公民个人能把国家和人民的利益放在首位，就是义；如果国家能充分尊重公民个人的合法利益，就是义。显而易见，这些义举又都在寓在利中，这正是能够帮助我们提高认识的重要切入点。

在我国，要靠经济振兴，才能利国利民；而经济要振兴，必须建立市场经济体制。事实已经证明，发展市场经济，有利于发展生产力，增强综合国力，改善人民生活；"八五"期间，我国国民生产总值平均每年以 12% 的速度增长，这是举世瞩目的。然而，遗憾的是，根据专家分析和统计资料，我们看到，每年因事故和灾害，新增的产值有一半却被报销，仅"八五"期间平均每年因技术灾难直接损失加应急救援就达 750 亿元，其中相当一部分是因为我们都看到和认识到的，即没有处理好义利关系所造成的。例如今年 6月，发生在四川简阳市的"6·29"特大事故，死伤 80 多人，经济损失达300 万元。有报道说，这用来作死者丧葬和伤员救治的 300 万元中，政府拨款200 万元，群众捐助 100 万元；据说当地医院在救治伤员时不惜一切代价，全力以赴，收治伤员无论轻重、无一死亡，这些都不能不说是一种值得称道的义举，而且还充分体现了中华民族在灾难面前一方有难、八方支援的美德。

---

① 原载《警钟长鸣报》1996 年 11 月 25 日第 1 版，署名"雅彦"。

但是，令人深思的是，有没有比这一义举更大的义举呢？尤其是在许多通过人的主观努力可以避免的问题面前——

试想，如果事发前，简阳地方政府能根据当地公安消防部门的隐患报告，拿出300万元的十分之一或二十分之一来改善这家花炮厂的劳动条件和治理隐患；如果地方当局有远见卓识，能把全简阳的花炮生产小作坊集中起来，形成规模生产，并创出特色产品，既扩大就业，繁荣地方经济，又能增强市场竞争实力，用300万元作本也差不了多少？如果这样做了，就大义大利，简阳就不会突然间失去39条宝贵人命，也不会白白丢了300万元人民币。我们再不能重演宁买棺材不治病的悲剧了。

这个例子还告诉我们，不要以为只有国有企业、集体企业出了事故才使国家利益受损，个体企业出了事故、照样损害国家利益，而且损害更大。因为发了财，是老板个人的；损了财，是国家和劳动者的。"6·29"事故炸掉的虽是一家在银行账号上仅有6.50元钱的个体企业，但给社会留下了数以百计的伤残孤寡，给并不富裕的简阳市财政和黎民百姓突然间增添了几百万元的经济负担……因此，义利关系当怎样处理，何为最大的义，何为最大的利，在此已不言自明。

党中央坚决反对见利忘义，并把它作为精神文明建设的重要内容，为我们加强安全工作排除了干扰。因为安全工作既是经济发展、社会进步的标志，更是其保障，是最大的义；在这个最大的义中，含着更大的利。一言以蔽之，安全工作是义利关系的反映，而我国的安全工作应当充分体现社会主义的义利观。因此，我们一定要以社会主义义利观去认识、去实践安全工作，使安全工作更有效，以确保国家和人民利益少受损；使社会生产和人民生活少灾祸，以确保经济繁荣，百姓安康。

（1996年10月稿于成都）

# 我们是怎样为弘扬安全文化而作好传播工作的<sup>①</sup>

## 一、概　况

三年多来，已出《安全文化》专刊 43 期，刊发论文 140 余篇，企业安全文化建设的报道和实践体会文章 30 余篇。

## 二、《安全文化》创刊

### （一）背　景

1. 1993 年，正值第四次事故高峰出现，事故不断、隐患层出不穷。原因何在？回答是有章不循、执法不严，"三违"严重，重生产轻安全。为何老是那些原因？对此，劳动部部长李伯勇一针见血地指出："要害在出了事没事。"而且在这次事故高峰出现以前，专家们就有预测，事实证明，专家们言中了。可见这已动摇了我们长期依赖常规的安全对策去解决问题的信心。

2. 中国劳动保护科学技术学会于 1993 年 10 月在成都召开"三大"及学术交流会，当时就有学者提出应建设"安全文化"以及采用"非技术性安全对策"的新思路。

3. 安全问题无处不在，事故原因复杂化等现象已成为许多人的共识。

### （二）尝　试

1. 1994 年 1 月 31 日，由中国劳动保护科学技术学会协办的《安全文化》，作为警钟长鸣报的一个专刊问世。我们在发刊辞上写道：

《安全文化》可以改变人们的价值观念，例如注意安全并非怕死，恰恰是

---

① 原载《劳动安全与健康》1997 年 8 月号。

有文化和文明的表现；

《安全文化》可以培养人们的社会道德感，例如把轻视他人安全、违章指挥、鼓励冒险等看成是不道德的行为；

《安全文化》可以导引人们对美的正确追求，例如把不安全行为、不按规定穿戴劳保服装和护品护具的作法看成是丑的行为……

现在看来，这些认识显然有些肤浅，虽不能说有失偏颇，但的的确确有失偏狭。

2. 受到非安全工作者的重视和关心。云南大学中文系教授高宁远为专刊的创办叫好，不仅为专刊撰文，还写信给编辑部。他说："我对安全生产一无所知，但仅凭生活经验，我又深信，安全绝不会只涉及安全生产，要做到安全生产，也绝不是分析事故，就事故论事故就能凑效。"这位教中文的教授也参与到关于安全问题的讨论中来，可见我们的尝试是成功的，我们不是说"安全生产，人人有责"吗？我们总得想办法去争取人人的参与，因为"有责"有时是被动的，而"参与"却多体现为主动。

（三）共　鸣

1. 继高宁远这位素与安全工作不沾边的教授参与进来之后，安全界的许多人士也被吸引住了，其中不乏有识人士，他们与不少专家学者一道，纷纷为这个专刊撰稿。使安全文化的传播在短时间内就由一般的泛泛而谈上升到理论高度，不少具有学术价值的专论也在专刊上得到发表。例如《论安全文化》《再论安全文化》《安全文化初探》《安全文化觅源》《企业安全文化建设的几个问题》等文章先后发表，使警钟长鸣报的形象在很大程度上得到了提升，报纸雅俗共赏，扩大了读者面，使安全生产为更多人所了解。

2. 1994年5月，李伯勇部长在《安全生产报》创刊号上发表文章，要求我们把安全生产工作提高到安全文化的高度来认识。同年12月，李伯勇部长又针对警钟长鸣报传播安全文化的情况作指示："安全文化宣传得很好，最好再深入些，使职工既能理解，又能把安全文化在思想上扎根，行动上贯彻，具有一定的安全文化素质。"

3. 1994年8月，全国安全生产管理、法规及伤亡事故对策研讨会在山西太原召开。会上，安全文化成了热门话题，我们当即决定与中国安全科学编辑部合作，组织几位专家着手编撰《中国安全文化建设——研究与探索》一书，该书于当年12月出版，是系统阐述安全文化的一本不可多得的好书。

4. 在《安全文化》创刊周年之际，学会①刘潜副理事长也撰文支持安全文化的传播，并从四个方面肯定了《安全文化》创刊以来的功绩，即：一、《安全文化》促进了我国安全文化建设；二、《安全文化》为安全文化建设在理论上做了有益的铺垫；三、为安全科学理论的普及提供广阔的阵地；四、利用文化的广涉性吸引读者，扩大了安全教育的受众面。

5. 不少企业的实际工作者也受到启发，纷纷来稿反映所在企业之所以取得安全工作的好成绩，其根本原因就是能全方位多角度的关注安全，并认为这实际就是安全文化的思路。例如资阳内燃机车工厂、核工业821铝厂等。四川自贡硬质合金厂还制定了企业内部的安全文化建设5年发展纲要和实施细则，厂长还亲自撰文专论安全文化。

6. 1995年4月，全国120位专家联名向国务院呈递了《中国安全文化发展战略建议书》。

### 三、对"安全文化"的非议

1. "赶时髦"。认为"安全文化"的提法是借鉴出于商业目的的种种具有包装意义的广告提法。

2. "远水不解近渴"。这种看法，有来自企业的，有来自劳动部门和经贸部门的，也有来自企业主管部门的，归纳起来就是，眼前的问题是事故多，安全文化能解决这个问题吗？

3. "文人所为"。在企业，许多安全工作者都是工学出生的技术人才，习惯于用技术去解决硬件问题，甚至把通过纯技术手段实现的物的安全叫做本质安全。对非技术安全对策的作用不屑一顾，对人本安全更不理解。对安全的理解尚处于狭义程度，对安全文化的提法又觉得陌生，这在企业比较普遍。有些人甚至批评道：找不到哪一本工具书里有"安全文化"这个词。认为这是文字游戏，故称文人所为。

---

① 中国劳动保护科学技术学会。

4. "别再兜售'安全文化',再这样下去,我们不订你这张报了"。一张报纸要生存,光有社会效益没有经济效益不行;光着眼未来,不考虑眼前也不行。我们在听了不少来自企业的安技干部的这些反映意见后,也着实有些纳闷:要真是因为传播安全文化而使报纸发行量下降,我们也确实会陷入困境。这些意见多是来自企业,我们这张为生产安全服务的报纸,离开了企业就失去了存在的价值。而企业所需要的是能帮助他们解决实际问题,为他们解决实际问题提供可资借鉴的经验。在他们对安全文化的理解还存在相当大的距离的时候,他们的意见也无可厚非。

四、我们的措施:找准问题,对症下药,排除干扰,扩大宣传

1. 在增强安全文化专版的学术性的同时,与北京减灾协会、劳动保护杂志合作,新辟"防灾减灾""安康之声""大众安全""安全文学"等实践性强,通俗易懂的专刊,补充安全文化专版的不足,丰富安全文化的内容,全方位的去传播安全文化。

经过这样的调整,除保留了报纸的原风格,及时传达党和政府的安全生产方针政策、法规制度,充分反映企业的安全动态而外,增添了灾害防御内容,拓宽了安全的视野,又有了对职业安全卫生和非职业安全卫生作深度报道的两个专刊,并为安全文学的创作辟出了一块发表作品的园地。如此一来,既保证了具有宏观指导意义的安全文化的研究成果能及时发表;又满足了企业对报纸的可接受性及社会公众对报纸的需要,使报纸不仅能面向企业,而且能面向整个社会,发行量创出了前所未有的纪录。

2. 开展学术争鸣,既发表不同意见或反对意见,又正确把握方向,适时引导人们正确认识安全文化。

1996年6月,一篇难得的旗帜鲜明的反对倡导安全文化的文章在专刊上登载,同时配发了编者按,表明了我们对不同意见的欢迎态度,并征求稿件。说来也怪,长达半年多的争鸣,在收到的几十篇应征稿中,只有一篇稿子是站在反对者一边的,我们如获宝贝地及时刊登,以引来更多的持反对意见的来稿。但最终还是令我们失望,然而,我们从中获益颇丰,因为这表明安全文化的传播导致人们对倡导安全文化的共识正在逐步形成,而且从几十篇商

稿中，我们发现人们对安全文化的认识亦越来越深刻，越来越接近这种文化本身。例如，中国化工报原总编史美充同志在长期阅读《安全文化》专刊后说："……说实在的，我对安全文化理解不深，通过阅读这类文章，使我受益匪浅。"这些都更坚定了我们传播安全文化的信心。

五、传播与研究并重，避免人云亦云，确保导向正确

1．由于我们对安全文化的传播，很多关心此事的人，在与警钟长鸣报的采编人员打交道时，都会询问，了解安全文化的一些问题，有时的确也出现了答不上来或答非所问的难堪。因此有人就说："你们警钟长鸣报的人不要'以其昏昏，使人昭昭'。"但是，这些人有所不知，我们一开始就不满足于只作扬声器，在《安全文化》的创刊号上，就发表了本报编者的署名文章《悠悠哉，安全文化》。这篇文章，在当时，在那个认识阶段，就已经粗略的从历史和现实的角度勾画出了安全文化的轮廓，与今天的认识相对照，它确实起到了抛砖引玉的作用，为日后人们对安全文化作深入研究打下了基础。与此同时，我们还重点依靠了在安全文化研究上的一些先行的专家学者。这样，就使传播工作充分有力，又不会因为编者不懂安全文化而人云亦云，出现导向上的偏差，不利于对安全文化的倡导。特别是在后来，在邹家华、吴邦国等中央领导同志接受了安全文化的提法，并明确指出要在全社会倡导安全文化的新形势下，更要注意导向问题。因此，我们在这方面，一开始就很注意，直到现在，我们没有发表过自己拆自己台的文章（争鸣稿除外），避免了不必要的失误。

2．及时地采访有关领导，向全社会表明政府对倡导安全文化的态度。

1995 年和 1996 年，针对安全文化传播过程中遇到的问题，我们两度采访劳动部部长李伯勇，李伯勇部长明确指出，安全文化建设是做好整个安全工作的基础，并要我们深化对安全文化的研究，并在传播方面要把握四个结合：一、安全文化的提高一定要和我们国家"安全第一、预防为主"的方针紧密结合起来；二、安全文化一定要和我们国家的安全生产工作体制相结合；三、安全文化建设过程中要紧紧和建立企业自我约束机制相结合；四、安全文化应该和我们国家的精神文明建设紧密结合起来，可见由李部长所代表的劳动

行政部门倡导安全文化的初衷不改，这也是对我们工作的肯定和鼓励。

倡导安全文化毕竟不为急功近利者所欢迎，而客观现实又免不了要造就不少急功近利者。因此，传播安全文化的工作还将面临许多困难，但也正是因为有这种困难的存在和产生这种困难的土壤，才需要我们的不懈努力，我们相信，这样的努力值得。

（1997 年 5 月稿于成都； 同年 7 月于北京同陈昌明联名在中国安全文化推进计划专家座谈会交流）

# 提高劳动者的安全素质是安全生产的治本之道①

在党的十五大报告重申经济建设在我国社会主义初级阶段的中心地位，并明确指出：经济建设要真正转到提高劳动者素质的轨道上来。这是确保市场经济取得成功的跨世纪的文化战略，也为我们今天和明天开展安全工作划定了主打战场。

人们常说，安全工作是给经济建设保驾护航，而安全生产就是经济建设健康发展的物质表现。实践反复证明，最有效的保驾护航措施莫过于劳动者（包括决策层、管理层、操作层）自身的安全素质的具备和不断得以提高。安全素质寓于人的综合素质之中，代表了国民素质所达到的水平，它直接制约着人的社会实践，也是一个企业、一个社区乃至一个国家安全文化建设所不可缺少的重要条件。所以，我们应从我国现实国情出发，一方面按社会分工继续履行传统意义上的安全职责，促进"企业负责、行业管理、国家监察、群众监督、劳动者遵章守纪"的安全生产管理体制的正常运转；一方面着手把安全工作的重点放到提高劳动者素质上。此举既可降低经济建设的代价，又使更多的人能够共享自己创造的经济繁荣之果。显然，它的意义不仅仅是经济的，而且还反映着我国社会主义政治的基本特征。

劳动者安全素质既是国民素质的重要内容，又是国民素质的综合体现。一个安全素质高的人，必然是一个热爱社会主义、热爱人民群众、热爱生产、珍惜生命、崇尚健康、乐善好施的人，也一定是一个有理想、有道德、有文化、有纪律的人。然而处于世纪之交的我国，近年来在经济快速发展的同时，生产安全形势却不能令人满意，这同和平与发展已成为时代主旋律的今天是极不相称的。究其缘由，引发伤亡事故的人为因素竟在70%以上。因此，提高劳动者安全素质是时代赋予我们的神圣使命，是事关社会主义建设欣欣向

---

① 原载《浙江劳动保护》1998年第2期总第33期，第28－29页。

荣和中华民族立于世界民族之林的根本大计，我们必须以强烈的社会责任感，刻不容缓地挑起这份重担。

提高劳动者安全素质，就是要培养全体劳动者热爱人生，在珍惜自己生命的同时，尊重他人生命，使之成为一个具有高尚道德情操的人。我们要把道德品质教育融入安全素质的培育，把它注入社会公德、职业道德、家庭美满等诸种行为规范里，在全社会大力倡导。一个人只有热爱生活、珍惜人生，才不致于拿生命当儿戏；同时，有了"不伤害他人"的善良之心，才会在努力提高自我防范的同时，掌握"不伤害他人"及"救人于危难"的本领。从而在任何时候，任何地方做任何事情，都会自觉地去考虑其行为的后果是否有利于人。倘使这成了一种社会风尚，违章指挥、违章作业、重生产轻安全等漠视生命的不道德现象就会大为收敛。

提高劳动者安全素质，就是要向人们灌输安全知识，教给其安全技能，使之成为一个"不伤害他人""不被伤害"的人。我们要乘安全工程师职称单列①的东风，继续发展中高等安全专业教育，搞好普及性的安全教育，探索把安全纳入基础教育的最佳形式和途径。事故原因分析一再告诫我们，对安全的无知是最大的祸端。因此，把保障安全的技能交给劳动者本人，就成了提高劳动者素质的重中之重；掌握安全知识，迅速提高自我保护能力，就成了全体劳动者的当务之急，也是后备劳动力的必修之课。我们要在全社会营造增强安全意识，学习安全技能，尊重安技人员的良好氛围，大力培育跨世纪的合格劳动者。

提高劳动者安全素质，就是要加强法制教育和纪律教育。各部门领导，各级干部一定要以国务院及有关部门颁发的安全规章为行为准则，严以律己，并使每一个劳动者都成为遵章守纪的人。"三违"猖獗已使我们付出沉重代价，若能有效制止这一长期困扰安全生产的瘟疫，事故将下降70%以上，这是一笔大的惊人的财富。因此，我们要改变人们的纪律观念，让其懂得纪律不单是约束人的，而是人们运动着的生命秩序的自我需要；遵章守纪是文明的表现，是人之所以为人的重要标志。

---

① 1997年11月19日，人事部与劳动部联合发出《关于印发＜安全工程专业中、高级技术资格评审条件（试行）＞的通知》（人发〔1997〕109号），正式将"安全工程师""安全高级工程师"从工程系列中单列出来。

总而言之，安全的进行生产必须依靠劳动者素质的普遍提高，因此，我们要从上述几个方面有效地去抓，不可有所偏废。提高劳动者的安全素质，才是抓好安全生产的治本之道，应以此思路去开创安全工作新局面。

# 安全文化建设是第一要素①

如果说国家安监总局②的成立表明我国政府对安全工作更加重视，那么总局局长李毅中对安全生产五要素的简明阐述及其排序，就是在回答怎样才能做好安全生产工作。李毅中说："加强安全生产要重视五个要素，即安全文化、安全法规、安全责任、安全科技和安全投入。"其中"安全文化"是五要之首。这是既谋远又虑近的治本良策，是真知灼见，也是对无数安全工作者和广大人民群众在长期实践中得出的经验的高度概括。以这样的认识来对待安全生产，可以预见，一个真正与长效机制相吻合的完善的体制即将形成。

回顾中华人民共和国成立以来的五次事故高峰，教训就在于我们一直把安全生产当成一项由少数人从事的职业，或某个部门的阶段性工作来抓，没有持之以恒地把它作为全民参与的社会文化事业和企业基础条件来建设，甚至以封闭式的行业构想和高不可攀的专业门槛来弱化全民的参与。

就因为安全生产只是一项工作，才长期受到体制改革、机构调整、职能转换、经济增长速度的影响。如果不是这样，而是将其视为一项关系国家、民族可持续发展的文化事业来建设，举国上下受其熏陶，人人都养成尊重他人生命、珍惜自己生命的习惯，并使之上升为备受推崇的道德规范，成为有较高科技含量的文化习俗，那么即使对行政机构做怎样的调整，对管理职能做怎样的转换，对经济发展做怎样的提速，也不会冲击到企业的安全生产。

企业是政府安全工作的重点，企业的安全生产工作重在预防，而从文化上预防最可靠。因此企业的安全生产工作一定要站在安全文化的高度来展开，要面向未来，以人为本。这样个人可以提高安全素质，企业便有了利于公众安全的保障。

总之，全民安全文化建设是构建社会主义和谐社会的基础，企业安全文

---

① 原载《现代职业安全》2005年第4期，系本书作者撰写的刊首语，署名"本刊编辑部"。
② 国家安全生产监督管理局（副部级）于2005年2月28日升格为总局（正部级）。

化是企业发展的灵魂。以安全法律法规为准绳，以安全管理和安全科技为手段，以公众安全参与和员工安全自律为保证，这样就能形成有利于安全生产的文化氛围，不伤害自己、不伤害他人、不被他人伤害的生命高于一切的人本理念就能变成现实。

（2005 年 3 月稿于北京安贞里）

# 精神层次的安全文化建设迫在眉睫①

——关于落实 "五要素" 的系列评说之二

一段时期以来，我们的安全工作是在信心不足的情况下进行的。因为有人发现了"安全生产规律"，认为我国目前正处该规律所揭示的"事故高发期"；所以无论怎样努力工作，仅能使事故增幅有所下降而已。对此，一些人还随声附和，但又自知"事故难免论"难以服人，便创立"GDP决定论"来为其提供理论支持。这使不少安全工作者心理受创，使安全工作不仅推进困难，而且效果欠佳。因此，为了确保安全工作者的心理健康，树立做好工作的信心，必须重视安全精神文化建设。

## 一、安全精神文化是安全事物产生的内因

安全精神文化处在其空间结构的最深层，它是无形的、内隐的、不易觉察的，是蕴藏在人的头脑中的各种观念，是以意识形态来表现的。例如以人为本的谋事理念、尊重生命的道德观念、"安全第一"的价值观念、劳动保护的政治观念、不安全不生产的法制观念、以文明卫生和行为安全为美的审美观念、崇尚安全的各种信仰，等等。

安全精神文化是安全文化各层次形成和发展的内在动力。因为，任何文化都是人的自觉之为的产物，都是社会实践中出于某种目的而产生的想法、观念、主张、信仰等，以此为基础，才有了实现这些想法、观念、信仰的行为活动，进而才会为确保这些活动的正常开展，使活动取得成效而去发明创造、去投入人力物力、去制定相应制度和规范并落实责任，才会产生与之有关的物质或物化的东西。例如远古时期，人们在生存威胁极大的情况下，活

---

① 原载《现代职业安全》2005年第6期。

着是首位的，也是不易的，这样，人们就把平安的活着作为理想、信仰与追求；但又由于认识的局限及活动能力的制约，很多奇异现象无法解释，导致以生存、活着为核心的信仰与追求的实现难度很大，于是就产生了神灵的观念，接着就有了祈求神灵保佑的仪式和各种清规戒律。为了使祭祀神灵、祈祷平安的仪式隆重些、方便些，人们还想到了建造神庙和塑造神的偶像，诸如此类。同时，又促进了工具的制造和艺术的产生，如石刀、石斧、骨针等各种原始工具不断地被制造出来，有了崖壁刻符、围猎游戏和分食狂欢等各种原始艺术。又如当代，在"文革"时期，安全文化惨遭被革除的厄运。"安全第一"的观念受到批判，崇尚安全、注意安全被视为"活命哲学"，不合时宜的"革命英雄主义"的倡导，成了鼓励冒险的冠冕堂皇的理由，敢于冒险，成了很多人争先恐后的事。诸如"轻伤不下火线""带病坚持工作""明知山有虎，偏向虎山行"等等事迹层出不穷。那个时候，人们不再开展安全活动，不再进行安全检查，安全规章制度等也都失去意义，载有这些规章制度的出版物被束之高阁。

因此，安全文化的器物层次、行为层次、制度层次都是精神层次的物化或对象化；而处在精神层次的安全文化是人们的安全思想、情感、意志、信仰、价值观等的总和，它是人们对客观世界和主观世界的认识能力与辨识结果的综合反映。

以价值观为例，所谓价值观，就是人们对什么是真的、什么是假的，什么是好的、什么是坏的，什么是善的、什么是恶的，什么是美的、什么是丑的等等相对立的问题做出主观判断的标准。从这个意义上看，作为一项事业的安全文化，是以保护人的个体生命为价值取向的人类活动之总和。

安全价值反映了人际关系上的生命观、价值观、经济观、伦理观、人权观以及发展观等问题，以期形成公认的与社会及时代相适应的价值标准。它是人的生命权、人的生命价值和劳动能力、人所从事的生产经营活动的经济价值，生活、生存的基本保障及其风险的化解等权益希望得到尊重的要求；它对规范安全行为，对建立安全制度，增强人的责任感起着决定性作用。

二、当前安全问题的外因

社会存在，是各种文化产生的条件，也是安全精神文化的决定因素；而安全精神文化是以各种相关事物为表现形式的安全文化的灵魂。例如事故频发，死伤人多，人们的安全意识会因此而增强，安全观念会有所更新，安全文化会有一个阶段性顺利发展的机会；事故少发，伤亡率低，人们的安全意识会有所减弱，安全观念会淡化，安全文化会停滞不前。新中国成立以来所经历的五次事故高峰和安全管理机构的反复撤并，以及安全管理职能的多次转换，这些历史事实，都表明安全文化发展的起伏不定与社会存在状况密不可分。

又如市场经济体制建立以来，由于缺乏与之相应的规范，加上国人对新体制在感性和理性上都缺乏认识，没有充分的思想准备，更没有及时制定与之相适应的对策措施，使许多深层次的问题显露出来，各种观念相互交织在一起，互相冲突，十分激烈，有些已走向了反面，导致观念的异化。例如由于"片面发展观"的影响，使经济效益的追求被异化为不顾一切的"金钱至上"观念，"重生产、轻安全""要钱不要工人的命"等现象泛滥成灾，严重地侵袭着安全精神文化。可是，有人视这种现象为经济快速发展之必然，并单纯地以GDP值的高低和"阶段理论"去阐释，以发达国家的当年来证明，认为这是最说得过去，也是最无法抗拒的理由。于是，近年来，我们的安全工作深受"事故难免论"的影响，甚至陷入宿命论的泥潭；换言之，我们是在一方面对控制事故没有信心，一方面又在允许死一定数量的人的情况下开展安全工作的。这是片面强调GDP的必然结果。

从GDP的内涵来看，它是只反映生产水平的量的指标，是按市场价格计算的全国所有常住单位在核算期内生产的最终产品与提供的劳务价值之总和。因为它不反映成本——效益，不反映经济结构，不反映利益分配，不反映劳动条件和生产方式，不反映生态和环境；所以，往往出现有增长无发展，有数量无质效的现象，有些地区和行业甚至以牺牲劳动者的安全健康为代价，去谋求GDP的增长。近年来，我国GDP的持续增长与安全生产形势的"依然严峻"，就是众所周知的例子。

企业为了实现利润的最大化，在安全方面少投入甚至根本不投入；经营过程中一但成本上升，缩减安全预算成了许多经营者降低成本的首选方案。这种明显的有法不依的行为，人们已熟视无睹。20世纪80年代，我国经济刚刚复苏，但安全投入还占GDP的1.1%，到90年代就降到0.7个百分点。可以这样认为，减少安全投入，等于变相地用劳动者的生命换取钞票。不时传出的草菅人命的丑闻和遏止不住的特大矿难就是明证。据新华社报道，2002 年 6 月 22 日，正值全国安全生产月期间，山西省繁峙县境内的义兴寨金矿发生爆炸，死亡 38 人。事故发生后，非法矿主与繁峙县委、县政府有关人员串通一气，将死亡人数谎报为 2 人，其余 36 人的遗体被老板私下处置，或转移、或焚烧、或弃置荒野。2001 年 7 月 17 日广西南丹锡矿透水，81 条生命因瞒报得不到及时救援而死于非命等。其原因都是当地官员"怕影响地方经济发展"。另据《劳动保护》杂志报道，在福建一家企业，一名年轻女工在事故中死亡，死者的父亲接到企业的通知前来料理后事。企业负责人对他说，可获 17 万元的赔偿。如果他同意，就在协议书上签字，第二天，企业就可将他女儿火化，让他把女儿骨灰带回家。听后，他似信非信，诚惶诚恐。他没想到，女儿死了，能获得这么一大笔钱。于是他签了字，企业便把 17 万元钱给了他。第二天，当企业通知他去取骨灰时，已不见他的人影。他怕企业变卦，便趁夜深人静悄悄地溜出宾馆，打道回府，连女儿的骨灰也不要了。这就是金钱至上观念给人命关天的观念带来的巨大冲击，使人们在金钱、亲情和生命的选择上也大悖常伦。

还有一种现象也不容忽视，就是一些地方的安监部门将法律赋予的监管职责异化为生蛋母鸡，把本应是企业渴望建立的长效机制变成安监部门运转自如的创收机制。如此作为，安全工作就成了一些人赚钱的店招和幌子。这是当前不压于事故的内伤和为何事倍功半的隐情。

### 三、"安全为了生产"的价值取向

由"金钱至上"的观念派生出的"安全为了生产"的观念，曾一度成为一些地方安全管理的指导思想，它在客观上弱化了"安全第一"的观念，因为它更易于被企业经营者所接受，而且以此来解释"安全第一"。有人说，"安全第一"，没错，但是，"安全第一"本身不是目的，别忘了"安全为了生产"的提法，这一提法明白无误地表明，安全的目的是生产。如果为了安全而影响生产，安全工作就失去了价值，也就没了目的和意义；因此，安全必须为生产让路。这种观念影响了许多人的行为，甚至是一些决策者的行为。

而这一观念早在第四次事故高峰期间就被否认，不料直至现在还是我们一些人的行为目标，并且在一些全国性的活动和媒体的宣传中，还不时出现类似的标语口号。

2002 年 11 月 1 日，我国首部《安全生产法》开始施行，不少地方在宣传贯彻阶段，就传出说法，如果一定要以《安全生产法》来要求，很多企业都要关闭；如果实施《安全生产法》，势必影响本地的投资环境和地方经济的发展。一些地方政府负责人对下属有关部门做出暗示：如果真出现这种情况，还是要以保护投资者利益和地方经济大局为重。事实也表明，《安全生产法》实施后的两年多，不具备安全生产基本条件的工矿企业有增无减，仅煤矿就有 7.5 亿吨的产量是在没有安全保障的条件下生产出来的，而处在这种情况下的煤矿占煤矿总数的 90%。2003 年 8 月中旬，在几天之内先后发生特大瓦斯爆炸的山西大同杏儿沟煤矿和阳泉煤业集团三矿，都是国有大矿，其中阳煤三矿还是全国煤炭行业瓦斯治理经验的"发祥地"。谁能想到就是这样的煤矿，下井的干部和技术人员都不携带瓦检仪，对边排瓦斯边打钻的违章行为，竟没有一个负责人提出异议；杏儿沟煤矿负责人为了提高产量，竟敢在通风井出煤，且不给井下工人配备自救器。安徽芦岭煤矿还是建矿 30 余年从未发生过瓦斯事故的国有大矿，2003 年 5 月 13 日也爆炸了，致死矿工 86 人。鸡西为什么会连续发生瓦斯爆炸，以至造成死亡 124 人的"6·20"特大矿难，显而易见的原因就是安全欠账太多。鸡西矿业公司安全欠账 1.46 亿元，整个公司井下自救器的缺口占一半以上，城子河矿下井人员 3 人一台自救器；在"一通三防"方面，有 40% 的高沼矿井没有健全瓦斯排放系统，部分瓦斯检测器不完善、不灵敏、不可靠，造成事故多发。

近年来，我国因能源需求大增而使煤炭市场复苏，煤炭生产及流通诸环节都有高利可图，导致煤炭企业普遍存在超能力生产的现象，使得企业在安全方面本来就存在巨大欠账的问题更加突出，特大事故不断发生。2004 年 10 月 20 日到 2005 年 3 月 19 日，仅河南大平煤矿、陕西陈家山煤矿、辽宁孙家湾煤矿、山西细水煤矿 4 起特大矿难，就死亡 597 人，真是触目惊心。据煤矿安全监察局局长赵铁锤说，大平矿的产能是 90 万吨/年，可在出事故时（2004 年 10 月 20 日）已经生产 96 万吨；陈家山矿的产能是 150 万吨/年，可前 10 个月已经产煤 210 万吨，两家都提前"超额完成了年度任务"。

在许多非煤企业，问题也同样严重。例如号称"五金之乡"的浙江永康，实际上是一个"断指之乡"。该市7 000多家私营企业使用各类冲压设备11 549台，可绝大多数都没有防护装置。"断指之乡"使永康名声在外，脸上无光。这两年，永康不得不想办法改变现状。值得关注是，当永康严起来以后，许多不法业主就把作坊迁到邻近县市，将危害转移。据浙江武义的人士说，他们那儿的一些工厂是从永康搬迁过来的，原因是永康管得严了。须知武义是一个贫困县，在永康以西与之接壤。这种现象之所以存在，就是因为地方经济的悬殊和发展的需要而产生的"双重标准"所致；而"双重标准"的出现，不仅为一些人的"GDP决定论"和"阶段理论"提供了现实依据，还使得安全生产难以实现全国一盘棋，这样，就给那些无孔不入的不法业主提供了可钻的空子。以上这些安全生产的违法行为为何普遍存在，其根源就在于人们头脑中的安全观念发生了变异。

对此，国家安监总局局长李毅中有自己的看法。他认为并不一定要重复发达国家走过的历程。因为有两点显著的不同，一是他们可能是在20年、30年、40年以前，或者更远一点。我们现在是21世纪，当今的科学技术和20年、30年、50年前比，那是不可同日而语的。科技在迅猛地发展，我们依靠先进的科技，先进的装备，可以不重复人家走过的老路。二是我们是社会主义国家，是共产党执政的国家，是以人为本的。他还说，我觉得最根本的，还是不要让其他国家在发展历程中所显现的倾向来束缚我们的头脑。他的观点使人们看到了希望。

四、安全精神文化作用举凡

回顾新中国建立之初，人们的安全观念与当时的政治观念完全一致，也就是人们常说的"劳动保护"，其内涵是保护职工在生产过程中的安全和健康。这一观念虽然是直接借用他族文化，即从苏联和东欧等国引进，但同时也是中国共产党立党宗旨的体现，是其几十年奋斗历史的继续。在1922年到1923年间，旧中国连续发生了以"改善劳动条件""不愿做牛马，要做人"为口号的安源煤矿、开滦煤矿和郑州"二七"大罢工。这些口号所表达的"解放劳动"的目标，作为共产主义信仰的组成部分，在后来的革命斗争中，一直是中国共产党人坚定不移的精神动力。革命胜利后，这一信仰在安全生产上表达为"劳动保护"。其实，这一观念在新中国成立前夕，就已经在安全文化的制度层次上超前地体现出来。在中国人民政治协商会议通过的《共同纲领》中，明确规定"公私企业一般应实行8小时至10小时工作制""保护女工的特殊利益""实行工矿检查制度以改进工矿的安全和卫生设备"。新中国成立后，依据《共同纲领》，人民政府立即行动，摧毁了长期压迫工人的封建把头制度，废除了侮辱工人的搜身制度；1951年和1952年，连续两次召开全国劳动保护工作会议。特别值得一提的是，1952年12月召开的第二次全国劳动保护工作会议。这次会议，着重传达并讨论了毛泽东同志对劳动部1952年下半年工作计划的指示，即"在实施增产节约的同时，必须注意职工的安全、健康和必不可少的福利事业；如果只注意前一方面，忘记或稍加忽视后一方面，那是错误的"。李立三部长根据这一指示，提出了"安全与生产是统一的，也必须统一；管生产的要管安全，安全与生产要同时搞好"的指导思想。会议还提出了"要从思想上、设备上、制度上和组织上加强劳动保护工作，达到劳动保护工作的计划化、制度化、群众化和纪律化"的目标和任务。这次会议，明确了劳动保护工作的指导思想、方针、原则、目标、任务，对以后工作的发展，起到了巨大的推动作用，产生了深远的影响。

由此可见，社会存在对安全精神文化的决定作用是多么的巨大；这一与政治观念一致的安全观念，促进了安全生产的制度建设，调动了人们参与安全活动的积极性，使安全文化的各个层次都得到丰富和充实，特别是安全物质文化也得到空前的大发展。从新中国成立到1952年年底，仅3年多一点的时间，旧中国遗留下的工厂矿山企业中存在的不安全不卫生的面貌有了很大改观，职工伤亡人数大大减少。1951年比1950年死亡事故减少10.7%，1952年比1951年死亡事故减少39.1%。煤炭工业的死亡事故，1952年比1951年减少63%。化学工业1951年因工死亡率比1950年降低72.2%，职业病发病率也有明显下降。当时在工人中流传着这样的歌谣："二三十年来，粉尘堆里埋；工作十多点，死后无人抬。现在大变样，三年上楼台。使出浑身劲，报答党应该。"劳动条件的明显改善，成为广大职工群众积极投身经济建设的一种巨大动力。

后来，那怕是在三年困难时期，那些在旧社会被称为"煤黑子"，备受轻贱的煤矿工人也因为成了国家的主人而享受优厚的生活待遇。例如重庆中梁山煤矿井下矿工的粮食定量为每月26.5千克，肉食标准为每月1.5千克，远高于机关干部，是城镇居民的2倍。当时，全国许多煤矿井下工人的待遇都比地面作业人员高，有的煤矿还确保井下工人的班中餐有牛奶、豆浆供给。这较好地体现了社会的公平。

（2005年3月初稿于北京，　五一劳动节定稿于成都）

# 安全文化与五要素[①]

关于落实 "五要素" 的系列评说之十二

"五要素"是确保安全的一种思路，是生产实践的科学方法，它通过真与善、点与面的有机结合，构成实现安全的有效机制。总体来说，"五要素"是安全文化的全新表达，它体现了安全文化事业的两大特点：一是求真，承认客观，反对一切违反客观规律的认识与活动，即科学安全文化；二是"求善"，关怀客观，反对一切危害人的认识与活动，即人文安全文化。在"五要素"中，安全文化是灵魂，是各要素产生之根本；而各要素又是安全文化之所以具有现实社会功能的主要形式，这些形式或隐或现，或深或浅，并在它们所属于的文化的空间结构中，从不同的层面和不同点位促进着经济社会的安全发展。

## 一、安全文化是各要素之根本

安全文化不是一般意义上的安全宣教和承载宣教内容的各种媒体、文艺样式或主题活动等，它与各要素也不是并列关系，而是各要素的母体。作为一种与人类同时发生的文化，安全文化的空间结构分为表层、中层和深层三个层次。表层安全文化是以物质或物化形态表现的，它是外显的，是摸得着、看得见的，例如安全防护用品等。中层安全文化是以人的行为活动或行为化的方式表现的，它不像表层文化那样外露，但也不像深层文化那样隐秘，虽然摸不着，但能看见或听见，例如安全法律法规和安全活动等。深层安全文化是以人的意识形态表现的，它是无形的、内隐的、不易觉察的，是人们对安全规律的认识和头脑中的各种安全观念。

---

[①] 原载《现代职业安全》2006年第4期第60－62页。

深层安全文化虽然是摸不着、看不见的，但它的各种信仰以及有关安全的理论、科学原理等，均反映在中层和表层文化中。例如，一枚安全徽章，它本身是物质的，属于表层文化，但通过观察人们所佩戴的不同的安全徽章，可以了解其独特的安全观念。假如安全徽章是齿轮、长城加橄榄枝包围的绿十字，表明佩戴者崇尚生产安全和工业卫生；假如安全徽章是绿十字和安全帽的组合，表明佩戴者主张以人为本的职业安全健康理念。又如事故调查中的原因分析、责任认定和处理过程，是以行为活动方式表现出来的中层文化，从中可透视出安全科技水平的高低和什么样的法制观念；再如穿戴符合标准的劳保服装从事生产操作，也是以行为活动方式表现出来的中层文化，可在这里面却能看出他们的价值观念、审美观念等许多深层文化的内容。

深层文化的变化，是由社会存在决定的。例如事故频发，死的人多，人们的安全意识会因此而增强，安全观念会有所更新，安全文化会有一个阶段性的顺利发展的机会；事故少发，伤亡率低，人们的安全意识会有所减弱，安全观念会淡化，安全文化会停滞不前。我国建国以来所经历的五次事故高峰和安全监管机构的多次撤并与重建，就表明安全文化的发展受社会存在的影响。

## 二、安全法制是制度文化的典型形式

安全法制处于安全文化的制度层次。第一，它是制度文化的典型形式，是安全精神文化的外化，也是安全行为文化的规范。第二，它是国家意志的体现，在我国，就是以人为本的宪法精神和社会制度的书面表达。第三，它是政府管理安全工作的准绳和企业社会责任的底线，它规定企业存在的起码条件、生产经营的基本要求、市场准入的最低门槛、从业人员的行为准则。第四，它是公民义务的参考样本。第五，它是公众舆论监督的标准，通过它可以评判政府管理是否到位、企业自律是否合格、相关机构是否尽责等情形。

安全法制是安全制度文化的主体，是人们行为的指南，它的决定因素是多数人认同的安全观念。在我国，它是安全第一的价值观念、尊重生命的道德观念、劳动保护的政治观念、不安全不生产的法制观念、以行为安全和文明卫生为美的审美观念的综合反映。其中既有对不安全行为的限制，也有对

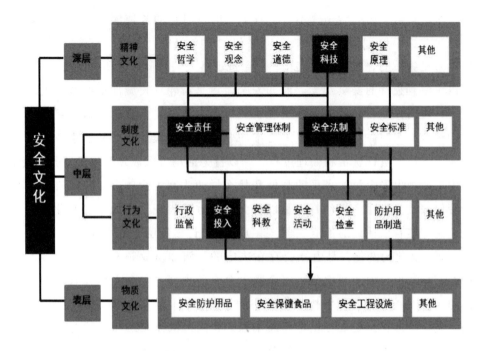

**五要素在安全文化空间结构中的位置**

安全行为的倡导。对不安全行为的限制，首先是通过制定标准进行界定，然后再区分哪些应当禁止、哪些只是一般的约束等。例如《安全生产法》规定，生产经营单位必须具备安全生产的基本条件，才能从事生产经营活动。这里所说的安全生产基本条件，指的就是符合有关安全的法律法规、国家标准和行业标准；对安全行为的倡导，表现在鼓励开展多种形式的安全活动，制定开展这些活动的周期、开展活动的具体时间以及相应的内容等方面。例如，规定每年 6 月为"全国安全生产月"，每年 3 月最后一周的星期一为"全国中小学生安全教育日"，每年 9 月上旬为"全国交通安全宣传周"，每年 11 月 9 日为"全国消防宣传日"；规定新工人进厂必须接受"三级安全教育"；规定各类人员的安全职责，明确各类人员都要在自己的职责范围内对安全生产负责……这些都是受人的安全观念的支配，为了减少进而杜绝人们行为中的不安全因素，提高已经养成的安全行为的可靠性，通过观察、调研、起草、论证、征求意见、反复修改，会议通过等一系列行为而创制的安全制度和规范。它是安全中层文化的高级形式，它为安全行为文化（包括安全法治）的发展和繁荣提供了制度保障，把安全行为文化与生产经营活动融在一起，促进经济社会的全面发展。

当然，有关安全的行为规范除安全法律法规、标准制度外，还表现在人们的道德、风俗、习惯等许多方面，构成全面的、科学的、与时俱进的安全行为规范，并要求人人自律，确保安全。

### 三、安全责任体现在安全文化的各个层次

从安全文化的空间结构看安全责任，它的位置主要在中层和深层文化里。首先表现在行为文化里，以杜绝"三违"为核心的各种行动，就是在履行安全责任。例如：各级政府、各职能部门、各行各业的决策层召集安全会议，带队检查安全等；各级政府、各职能部门、各行各业的管理层按照分工在各自的职责范围内保质保量完成日常工作等；各行各业的操作层按照规章制度进行生产作业等；社会各界关注安全的各种实践活动。现在，以落实安全责任为内容的安全行为已成为一种区别于其他行为的社会现象。这种现象分个人行为和集体行为，个人行为就是人们常说的"三不伤害"；集体行为就是政府、社区、企业为达安全的目的所开展的一切活动，如安全培训、安全检查、安全评估、安全制度的编写、安全法律的制定、安全文艺演出、有关安全的学术研讨、安全电视电话会议，等等。

其次就是制度文化。在制度文化里，有关安全责任的内容相当丰富。例如：政府和政府有关机构的安全责任制，其中包括政府安全监管机构的责任和政府非安全机构的安全责任；受政府有关部门委托的中介机构的安全责任（咨询机构、评价机构、培训机构、宣传机构等）；科研机构的安全责任，包括安全科研机构的责任，非安全科研机构的安全责任；教育机构的安全责任，包括安全教育机构的责任，非安全教育机构的安全责任；还有社区（街道、乡镇）的安全责任，企业安全生产责任等。

另外就是表现在深层文化里安全责任。例如：在社会所倡导的个人道德观念里，关心人、爱护人、帮助人等；在对个人所期望的社会道德规范里，"三不伤害"就是最典型的例子。

### 四、安全科技是安全文化的精华

安全科技又可叫做科学安全文化，它影响着安全文化的品质和功能。安

全科技在本质上处于文化的深层结构中，但在一般情况下，在安全文化的各个层次中都能见到它。安全科研活动是安全行为文化的重要内容；安全科研成果是安全文化的精华，是对安全精神文化的继承和发扬、创新和发展，同时也使安全文化的空间层次更加丰满，使实现安全的手段更加可靠。

在器物层次上，各种用于安全目的的先进工具和设施都是物化了的安全科技成果。安全物态文化是安全文化的表层部分，是人们受安全观念文化的影响所进行的，有利于自己的身心安全与健康的行为活动的产物，它能折射出安全观念文化的形态。因此，从安全物态文化中往往能看见组织或单位领导对安全的认识程度和行为态度，反映出企业安全管理的理念和方法是否科学，体现出整体的安全行为文化的成效是否显著。生产生活过程中的安全物态文化表现在：一是人的操作技术和生活方式与生产工艺和作业环境的本质安全性；二是生产生活中所使用的技术和工具等人造物及与自然相适应的有关安全装置、仪器仪表、工具等物态本身的安全可靠性。

在行为层次上，各种操作动作更有益于人的健康，各种设计、施工和验收行为等都更符合自然法则、更加人性化。在我们这个现代文明还有盲区，不讲科学的迷信活动仍有市场的发展中国家，在工业化程度不高，农业仍很落后的情况下，需要倡导的安全行为文化是：进行科学的安全思维；强化高质量的安全学习；执行严格的安全规范；进行科学的领导和指挥；掌握必需的应急自救技能；尊重因安全的需要而出现的各种活动，抓住机会因势利导，开展科学的安全防灾引导；进行合理的安全操作等。

在制度层次上，安全法律、法规、标准的制定更科学，科技含量更高。科学的安全制度文化与安全行为文化一样，在安全文化的空间结构中，同处中层位置，但它在时间上滞后于行为文化，因为它产生于人们的行为活动，是人们行为活动中有利于安全的成分被总结提炼的产物，它的作用是对人们的安全行为进行规范。安全制度文化是社会化大生产不可缺少的软件。它对社会组织和各类人员的行为具有规范、约束和影响的作用，所以有学者又把它叫做管理文化。安全制度文化的建设内容包括如下内容：一、建立法制观念、强化法制意识、端正法制态度，二、科学地制定法律法规、规章标准，三、严格的执法程序和自觉的执法行为等；同时，安全制度文化还包括行政手段的改善和合理化，经济手段的建立与强化等。

在精神层次上，安全观念、安全哲学、和谐社会的构想和科学发展观等成为主导思想。科学的安全观念文化是指决策者和大众共同接受的符合客观规律的安全意识、安全理念、安全价值标准。安全观念文化是安全文化的核心和灵魂，是形成和发展安全物态文化，促进并提高安全行为文化和安全制度文化的内因。联系我国社会政治经济的大背景——计划经济的惯性与市场经济的不完善，全面小康的发展目标与重生产轻安全的现实，加入 WTO 的承诺与面对问题的投鼠忌器——我们需要建立的安全文化观念是：以人为本、性命至上，安全第一、预防为主，安全就是效益，安全就是最大的内需，安全生产就是经济增长点，讲安全就是有人性的观点等；以及未雨绸缪的意识，自我保护意识，科学防范意识等。总之，要尊重国情，开展利于每个人的发展的积极的安全科研，并促进安全科研成果的应用；同时更多地借鉴世界各地的最佳安全科研成果，以造福广大劳动者。

### 五、安全投入是安全观念的行为表达

安全投入是某种安全观念的行为表达，或者说是受某种安全观念所支配的行为选择。这一选择是对人的身心健康和安全需要的积极肯定和有益促进；安全投入在一定程度上也反映了安全文化在物质层次和制度层次的状况。因此，为了使安全投入有保障，除了创造物质条件外，还要建立切合实际，具有可操作性的制度，并将其约定为必须承担的社会责任。

安全投入是一种以公益为主的高层次的安全行为，是现代文明和安全制度文化的基本内容，是建设安全物质文化的保障，也是开展安全科研，应用安全科研成果的保障，而这一切都必须建立在正确的安全观念文化的基础之上，才有可能变为现实。

在我国，正确的安全观念被宪法表述为"加强劳动保护，改善劳动条件"。这样的表述不仅表明我国在安全方面的意识形态，同时也确定了我国在安全方面的社会制度。因此，我国有着安全投入最好的社会条件，它可以克服经济条件的局限，尽最大的努力确保劳动者的安全健康。例如 1963 年，我国经济尚处困难时期，中央政府就投资 4 600 万元，集中解决矽尘危害严重的有色金属矿山、煤矿、化学矿山、玻璃制造、石粉加工、耐火材料、陶瓷等

232 个企业的防尘问题。经过几年的努力，当时全国有 9 400 多个企业的 5 万多个矽尘作业点采取了综合防尘措施。煤炭部所属煤矿的 2 087 个全岩、半煤岩掘进工作面采取湿式凿岩的，由 1962 年的 16% 增加到 1965 年的94.2%。冶金部所属金属矿山在推行湿式凿岩的基础上，还采取综合防尘措施，在 67 个有色金属矿中，到 1965 年已有 66.2% 的矽尘作业点矽尘浓度降到 2 毫克每立方米。

当前，我国实行的是社会主义市场经济，按照宪法规定，"国家依法禁止任何组织或者个人扰乱社会经济秩序"。这对不重视安全投入的人是一个警告，因为市场经济是法制经济，市场的每个参与者都应依法经营，如果市场参与者中有因安全投入不足达不到安全生产条件而参与竞争的，这种情形不单是违反了安全生产的法律法规，还违反了宪法，是一种应该禁止的"扰乱社会经济秩序"的行为。鉴于我国目前的所有制结构仍然以公有制为主体，可以考虑建立多元化的安全投入机制，即国家、企业、社会，甚至个人有机结合的投入机制；但企业是安全投入的主体。中央和地方政府要支持困难企业的安全设备和技术改造，困难企业要有治理事故隐患的措施计划，并严格执行。社会团体和个人公益性投入也是重要的方式，同时要重视发展社会保障和商业保险事业，使安全投入的保障有多种方式和渠道。

（2005 年国庆初稿于成都， 2006 年 3 月定稿于北京）

# 弘扬安全科学的人文精神①

有学者说得好，只有当以事实判断为特征的"自然科学"同以价值判断为特征的"人文科学"达到统一时，求真与求善的同一性才能重建。而综合科学的建立，为"自然科学"与"人文科学"的统一创造了条件，其中，"安全科学"就是二者结合的典范。安全科学集自然科学与人文科学于一体，既是人们在认知意义上把握存在于各类实践中的利害因素及其变化的方式，又是人们在价值意义上以信仰为其特征的目标指向。安全科学既在认识论范畴体现价值中立的理性精神，又在价值论范畴以超越理性认知为其特征，体现积极的伦理道德观，并干预以生产实践为主体的各类实践活动。

然而，目前的安全科学实践还未体现出综合科学的本质，二者的结合还受涉足此道的科研人员的集团归属、知识结构及研究方向的制约，使安全科学实践难以准确地表达它的本质意义，以致求真有余而求善不足。

在不少人眼里，安全科学是以自然科学为主的学科，许多科研选题还局限于理工科的门槛之内。为了弥补不足，人们又从安全科学得以产生的文化母体入手，倡导安全文化建设。安全文化的特点：一是求真，承认客观，反对一切违反客观规律的认识与活动，即科学安全文化；二是"求善"，关怀客观，反对一切危害人的认识与活动，即人文安全文化。对这两大特点的突出，能在一定程度上纠正安全科学在实践中的偏颇，使安全科学的本来面目得以还原。

值得注意的是，现在有些边缘性的课题，远离 GB/T15236—94 对安全生产的定义："消除或控制生产过程中的危险因素，保证生产顺利进行。"也不按安全科学所指引的方向，应用以人为本的安全系统，去消除或控制生产系统中对人的安全健康不利的因素。而把过去"被动安全"的生产实践与现在

---

① 原载《现代职业安全》2006年第7期，系本书作者撰写的刊首语，署名"本刊编辑部"。

"主动安全"的生产实践混为一谈；甚至把现实生产实践中那些反复出现的轻忽安全的非法和违法现象，都说成是安全生产的规律表现。这是对安全生产的歪曲，也与安全科学背道而驰。究其老根，即在选题时没有摆脱形而上学的前提假设。

爱因斯坦曾经说过："仅凭知识和技巧并不能给人类的生活带来幸福和尊严。人类完全有理由把高尚的道德标准和价值观的宣道士置于客观真理的发现者之上。"因此，道德尺度应该成为每一个安全科学工作者反省自己理论的必要前提。

（2006 年 6 月稿于北京安贞里）

# 企业安全文化的特点及建设途径①

【摘　要】在安全文化建设实践中，文化学意义上的安全文化与管理学意义上的安全文化常被混淆，安全文化与企业安全文化也彼此不分。对此，笔者指出文化学意义上的安全文化是原生文化；文化学意义上的企业安全文化，是企业自发产生的、适合本企业的安全文化。管理学意义上的安全文化是工具文化；管理学意义上的企业安全文化，是不同企业各种安全管理方法的荟萃。笔者主张安全文化建设要尊重国情和企业实际，尤其是原生安全文化的多样性，合理利用工具文化的能动性和先进理念，着重在深层结构中进行充实和完善，以工具文化的主观自觉性弥补原生文化因客观自发而产生的不足，提高全社会安全文化建设水平，特别是企业安全文化建设的全面性、科学性和有效性。

【关键词】安全文化　企业安全文化　原生文化　工具文化　安全工作

一、安全文化的概念辨析

（一）两个不同内涵的安全文化概念

1. 文化学意义上的安全文化是人类在长期的实践中形成的共同价值观和行为方式。它作为一种客观现象，遵循文化的发生和演化规律，是与人类同时产生并不断发展的元文化。这种在复杂因素影响下自发产生的安全文化，有着明显的种族、国别和地域差异，是一种多样性的文化；因此，被我国学者称为原生安全文化。它具有完整的时空结构，在时间上它是从古到今的历史积淀，在空间上它由深层、中层、表层三个层次组成，深层主要是精神文化，中层有制度文化和行为文化两大内容，表层主要是器物文化。

---

① 原载第十八届海峡两岸及香港、澳门地区职业安全卫生学术交流会论文集，2010年10月。

2. 管理学意义上的安全文化就是在上个世纪 90 年代从国外传入的安全文化，准确言之，就是核安全文化。它是核电站安全管理经验的结晶；是在传统安全管理理论的基础之上归纳出来的一套安全管理方法；是一种可供人们使用的，仍然依赖工程技术的安全管理工具，具有工具文化的性质，在实践中成了安全管理的代名词；因此，被一些学者定义为"工业社会的管理型文化"

（二）两个不同内涵的企业安全文化概念

1. 文化学意义上的企业安全文化这是一种原生于企业的，与企业同时存在且难以复制的安全文化。它伴随企业的创建和发展，是在企业内外诸多因素影响下自发产生的、适合本企业的安全文化；但其形成也必然遵循文化产生和发展的规律。而且，无论哪个企业，都客观存在着具有本企业特点的安全文化，如果其中的某个企业能达到一定时期法定的生产安全条件，还表明这个企业的安全文化建设无论是在动态的时间层次上，还是在静态的空间层次上，都取得了全面的发展。

2. 管理学角度的企业安全文化它不是本企业的原生文化，是众多优秀企业安全管理经验的结晶，是不同企业各种安全管理方法的荟萃。它的特点，一是其精神理念和管理方法先于企业存在，二是能动性很强。对它的倡导，能够把落后于主观目标的企业引领到更高的境界，对企业实现生产安全的方式和企业安全发展的方向可以产生积极影响。但是，由于并非企业原生，不一定适合所有企业，尚需凭借外力才能有效推动。这在我国，行政促进是不可或缺的。

（三）给安全文化以准确定位，提高建设的全面性

对前述两组用词相同内涵各异的概念的正确认识，有助于人们通过扬弃给安全文化以准确定位，有助于人们理解安全文化在安全管理过程中如何发挥作用，有助于人们在安全文化建设实践中，一方面化解原生文化中的消极因素，发扬光大其积极的部分，建设优秀的、有别于工具性的、片面强调管理的安全文化。另一方面，要尊重国情和企业实际，尤其是原生安全文化的多样性，合理利用工具文化的能动性和先进理念，着重在深层结构中进行充

实和完善，以工具文化的主观自觉性弥补原生文化因客观自发性过强而与生俱来的先天不足，提高全社会安全文化建设水平，特别是企业安全文化建设的全面性、科学性和有效性。

## 二、安全文化的逻辑关系

在安全文化建设实践中，时常把安全文化与企业安全文化相互混淆，把属概念和种概念不加区分地看成是同一回事。企业安全文化是工业社会的管理型文化，而包含它的安全文化是整个人类历史的安全写照。二者既有联系又有区别。但有人只承认前者，不承认后者。以静止的，孤立的观点看待安全文化，把安全文化锁定在工业社会，置其于空前绝后的境地；甚至将这一普通文化拔高为管理文化，使其小众化。这种观点值得商榷，理由如下：

既然"安全文化自古就有"的说法不成立，既然"我们在安全方面做过的事情都跳不出安全文化的范畴"的判断是一种错误；那么，企业安全文化从何谈起？企业安全文化从属于什么文化？如果连作为母体的安全文化都不存在，企业安全文化从哪儿来？上世纪90年代初从国际核安全咨询组引进的安全文化，实际上是以核电站安全文化为代表的企业安全文化模式。既然在1986年以前，核工业领域的安全管理也没人以安全文化来概括，是否也可据此来否定核安全文化的存在？

中国人最早接受的"安全文化"概念，准确地说，就是核安全文化。当时，这一概念很窄，比"企业安全文化"还小，更不是现在人们所理解安全文化。但是，无论是"企业安全文化"概念还是"安全文化"概念，都是受核安全文化概念的启发，并在此基础上不断充实完善的。它们的逻辑关系是：核安全文化包含于企业安全文化，企业安全文化包含于安全文化。如下图：

**安全文化逻辑关系图**

### 三、企业安全文化的特点

企业安全文化是企业员工在生产经营过程中，为保护自己的身心安全与健康所开展的各项实践活动，以及开展这项实践活动的制度依据、创制和使用的各类物品。概括地说，就是企业范畴的安全文化。企业安全文化以企业为单元，不同企业有着各自的互不相同的安全文化。

#### （一）企业安全文化的共性

企业安全文化有四大特点：一是企业在生产过程和经营活动中，为保障企业生产安全，保护员工身心安全与健康所进行的文化实践活动。二是与企业文化有着基本一致的目标，都以人为本，以人的"灵性"管理为基础。三是强调企业的安全形象、安全奋斗目标、激励精神、安全价值观等，增强对员工的凝聚力。四是其模式千差万别，虽可学习借鉴，但不可复制照搬。正如川菜是我国饮食文化的经典，但真正的、原汁原味的川菜在哪儿呢，在四川。当然，有人会反对这个说法，因为北京也有川菜，甚至还以"正宗"作店招。其实，北京的川菜那怕是真正的川厨做的，也是变了味儿的，不变味儿北京人吃得下吗？举这个例子，只想说明一点，没有两个完全相同的企业安全文化，即使是从别人那儿学来的，也要进行改造，要符合本企业的特点，才有利于企业的发展和员工的安全。不然，企业安全文化建设就会走进死胡同，就会被企业排斥在外；而企业自己固有的坚持多年又行之有效的安全做法，才是企业安全文化的源泉，或者说是企业原生态的、有生命力的安全文化；安全文化研究机构应当尊重企业，挖掘、整理、提炼由企业员工首创的那些独一无二的安全文化元素，帮助企业建设与众不同的安全文化。

#### （二）企业安全文化的个性

企业安全文化四大共性特点中的第四点，是企业安全文化的个性所在，体现了企业安全文化的多样化和旺盛的生命力。例如冶金企业的安全文化与建筑企业、化工企业的安全文化，虽有许多共性，但我们不能拿共性的东西来说事儿，更不能将其克隆过来，然后就说这是冶金企业的安全文化。虽然冶金企业也存在与别的企业或行业相似或相同的安全问题，从表面看其治理的手段也很类似，例如防热辐射、防尘防毒等，但同样的致害因素其产生的原因会有所不同，我们首先要抓住主要矛盾和最突出的问题，其次要抓住原因的原因从根上解决问题，这样就能形成具有自己企业特色的企业安全文化。

企业安全文化的多样性决定了它的模式不可能是单一的，也不可能制定出一个统一的标准去评估和衡量它的优劣，更不应当用一个模式去对所有企业的安全文化进行格式化处理。如果一定要那样做，势必回到过去的老路上，与其说是在建设企业安全文化，不如说是在套用企业安全管理旧框，甚至还会使企业已有的安全文化因为格式化而丢失或不能运行。正如安全条件，笼统地说都一样，可以无限复制。但是，具体条件是截然不同的，冶金行业的安全条件不同于别的行业的安全条件，行业内部不同企业，同一产品不同工艺安全条件也不尽相同。这些不同条件达到的本身，就是不同的企业安全文化之形成。正因为存在许许多多不同的企业安全文化，安全文化才丰富多彩。

（三）企业安全文化的地位

企业安全文化只是安全文化的一部分，主要表现于生产经营领域。这一领域对于整体的安全文化建设而言，又十分重要和突出。社会生产活动是人类创造物质财富以求生存的主要手段，也是人类精神财富产生的源泉。由于生产的程序化、自动化、智能化的逐渐普及，其水平也越来越高，这些科技进步成果在物质生产领域的应用，大大提高了安全文化的科技含量，但同时又产生了新的安全问题。因此，为了企业安全文明生产，在企业科技含量提高、能量蓄集更大、生产周期缩短的高新技术条件下，就必须相应地提高全体员工以生产技能为主要内容的安全素质和自保互保能力，提高企业生产经营的安全水平，同时推动企业安全发展，创新企业安全文化样式，为安全文化增添新的内容。

四、安全文化主张超越分工对待安全工作

在人们的习惯认识上，存在于社会生活方方面面的安全工作，仅仅被当作一项社会分工来对待。以城市生产经营活动领域的安全为例，过去一般都认为这是设在劳动行政部门内部的安全机构及其各行各业主管部门内的相关机构的责任，现在又把这事看成是安监部门的事。在企业内部也因为分工以及职责划分，长期被当作是安全技术部门的事。就连全民性的、全员性的安全生产周、安全生产月活动，许多地方因为没有设立安全机构，就开展不起来；在企业，如果安全技术部门不抓或抓而不力，也没有别的部门过问，导致全社会一说起安全，只知道时常发生事故，而对防范事故发生的安全工作却知之甚少，更谈不上对安全工作进行监督。这样一来，使这项涉及人民生命安康和社会资财安全，本应为全民共谋的大事长期因部门行为的制约而总是不能令人满意；使我们的工作一而再，再而三地在事故困扰中徘徊，并难以摆脱这种困扰。

（一）安全文化拓宽实现安全的途径

多少年来，我们已经在技术上作了许多非常有价值的努力，这种努力今后仍需坚持不懈。但是，我们却总是在这些努力所不能触及的方面，或者在由于这些努力本身所产生的偏颇方面出问题。例如我们本具有修建合符质量要求的高楼大厦的各种技术，我们也有一整套保证质量的管理规章和制裁胡作非为的法律，但是我们却一再目睹建筑物垮塌的伤亡事故。2003 年 11 月 3日，湖南衡阳一住宅楼在火灾中整体坍塌，造成 20 名在现场灭火的消防官兵殉职，其原因令人深思。例如我们过分地强调安全的纯技术性，也在工学领域努力培养高学历的安全工程技术专门人才；然而却忽略了一般人的参与，使欲参与者也因为安全是一门又专又深的学问而望而生畏，以致使这一本应是普通人的生存能力和生活习惯的文化素养，成了安全管理和安全技术部门的专利，造成具有群众意义的安全责任与非群众意义的安全管理相互混淆，于是管安全的就有责任，不管安全的就无责任，等等。能否认识到这些现象，能否使这些认识达到一定的深度，事关能否触及问题的本质。这些看似简单、令人不屑的问题，向我们提出了关于改变观念的要求，而对安全的认识与观念之正确与否，恰恰就是我们长期存在、没有解决好的大问题，也是安全工作最易受挫折、长期不稳定的实质所在。

（二）安全文化是典型的大众文化

倡导和建设安全文化，既是一种关于安全问题的新观念，又是为全社会科学地认识和对待安全问题，亦即实现观念的转变提供的新的方法。倡导安全文化，目的很明确，就是要使每一个人都按照安全的要求来规范自己的行为，让注意安全成为每一个人的日常生活起居、工作学习的习惯。可以说，任何一种关于安全的社会管理和科学技术都不及产生这种管理与科学的文化本身那样有渗透力，那样来得彻底。因为社会管理与科学技术的应用，常常都是部门行为或部分人的行为，它在社会分工以及因社会分工而形成的职业层次上具有积极意义，但不是整个社会人人都具有的社会能力与行为规范，至少不是一种内化了的，成为主动的行为规范。例如，一家工厂绝大多数员工都不仅懂得"不伤害自己、不伤害别人、不被别人伤害"的意义，而且以此为生产活动中的行为规范和道德准则，我们就可以认为该厂不仅形成了企业自己的安全文化，而且还以"三不伤害"为本企业安全文化的标志。相对而言，如果仅仅是安全科（处）的人员因为工作职责划分的缘故而保持对安全的关心，就不能说该企业已建成安全文化。当然，如果说少数人不注意安全或是安全意识不强，也不能据此而否定该企业的安全文化；相反，这些不利于安全的个别现象，还会在这个企业被善管者用作反面教材，使全体员工保持清醒的头脑，更有利于促进企业的生产安全；同时，这些不注意安全的员工还会在企业安全文化场中被同化，使之成为与这个环境相协调的安全人。这就如同一个很鄙俗的人走在大上海的南京路上，不好意思随地吐痰、乱扔烟头果屑而也不显鄙俗一样，因为这条街洁净的文明气氛，会使任何一个置身其中且没有思想和行为障碍的人特别注意自己的衣着、言行与环境是否协调，正所谓"入乡随俗"也。安全也一样，无论你是否从事专门的安全管理、安全技术与安全教育工作，你在一个安全已成为全体员工文化修养的企业环境里，你的所作所为、所想所言如果不利于安全，就会有所收敛；倘使表现出来，不管你是官是民、是尊是卑，都会被人视为不道德、没文化、没修养的人。

（三）安全的实现是各项工作的综合反映

要改变那种认为安全只是安全部门的事的观念。这个问题不仅存在于工矿和交通运输等生产企业，它实际上是全社会各阶层、各界人士俗化了共识，是有关安全的文化普及不适应社会发展的一种表现。即使不从解决安全问题的一般需要出发，而是从企业安全管理工作的需要出发，也不能把安全工作看成只是安全部门的事，并且还要把它上升到需要改变的"观念"的高度来认识。同理，在一般意义上就更不只是安全部门的事，就更需要改变观念了。因为安全工作的好坏，是一个系统、一个企业各项工作的综合反映，安全工作不渗透到各个部门、各个环节，不和各个部门的具体业务结合起来是不行的。在一个企业里，生产安全工作在厂长的领导下，各职能部门在各自的业务范围内都有安全职责。这就是说，企业各职能部门都要对厂长（经理）领导下的安全工作负责，这不仅指各个部门人员的工作场所存在可能伤及自身的安全问题，更重要的是指各部门人员由于工作质量问题而导致对生产安全的影响。例如一个压力容器制造厂的采购员在采购用于制造压力容器的钢板时，不按相应的技术指标采购，以次充好，必然会给容器使用厂家的生产安全造成威胁，甚至是破坏性的影响。又如在化工企业中，一个操作工在岗位上不认真检查核实工艺参数，不根据工艺指标、工序前后的关联因素及时调整工作状况，就必然会直接影响生产的安全进行，甚至瓦解生产，机毁人亡。仅因一次液位波动或一次温度、压力变化未及时发现及时调节，造成装置停产、设备损毁的事例在不少化工企业都是有教训的。再如生产过程中，一旦发生事故，人们都习惯于把责任推给设备，以此逃避追究，达不到吸取教训的目的。北京东方化工厂"6·27"特大爆炸事故拖了3年多才结案，就是把事故原因推给设备的典型案例。殊不知，即使真的是设备原因，责任也仍在人，因为设备是人制造的，制造设备的原材料也是人生产的，设备出厂后，安装、调试都是人去做的，设备的能力、能量的输入与释放同整个系统的工艺指标是否匹配，也是人设定的。所以，无论发生事故的直接原因在人还是在物，归根结底还是在人。

五、企业安全文化建设当首倡全面安全管理

安全工作不只是安全部门的事，这实际上就是安全文化的思路。但是，面对现实，我们是在以"三违"为背景的客观条件下从事生产经营活动。因此，杜绝"三违"、消除隐患，应该成为国人的共识。"三违"和隐患因何而生，什么是最大隐患，归结到一点，就是管理问题，二者都是不良的管理现状的集中反映；另外，忽视管理，这本身就既是"三违"，又是隐患。"三违"是存在于人身上的隐患，是最难治理的隐患。"三违"不灭，物的隐患就会层出不穷，并伺机作乱。尽管我们的生产经营活动在原则上早就以安全为第一位的价值选择，尽管我们早就喊出"安全生产，人人有责"的口号，尽管国务院早就有关于安全责任的明文规定，但真正作为一种社会文化风习体现在每一个人的日常工作和生活的举手投足之中，却还远未达到。我们就是在这样的客观条件下从事安全工作，因此必须在工作中以推广全面安全管理来启动企业安全文化建设，又以培养员工使之形成包括安全观念、安全人格、安全道德等在内的价值观和人生观，来提高和完善全面安全管理，塑造以"零事故"为安全理念的企业形象，使企业获得物质文明与精神文明的双丰收。

长期的工作实践告诉我们，导致事故发生的原因，基本上都没有什么复杂的技术问题，倒是有一些并非技术与工作层面的管理空白成了酿成事故的大敌。例如克拉玛依"12·8"大火，就只因为幕布离灯具太近，就只因为不是生产场所。当然，工作层面本身的管理问题也确实存在着许多不严格不负责任的现象，这就需要我们把安全作为一种基础文化，而不仅仅是一项工作，通过宣传教育灌输给全体员工，这又涉及到企业到底从何处入手建设安全文化的问题。我们认为，不一定非要高喊安全文化的口号，也不要一提到在现有社会分工之外去落实安全职责，或者把每一项社会分工都与安全责任作相应的连接，或者一提到非技术安全对策等，就以安全文化的概念去笼而统之。尽管这没错，但容易使有关理论探讨方面的分歧干扰或耽搁实际工作的开展。

所以，全面安全管理观，应是我们企业开展安全文化建设的指导思想，全面安全管理在企业的推行，就是最切合企业实际的安全文化建设实践方式。

（2008年5月初稿于北京，2009年3月再稿于成都，2010年1月定稿于成都）

# 佛门五戒与安全文化研究①

## 一、课题的现实意义

安全文化是一个能够解释人类社会所有文化的元文化，它不仅是人类自觉之为的产物，也是人类得以创造、生生不息、持续发展的基本保障。安全文化在任何文化中产生的影响都是深远的。积极的安全文化，是不受文明衰落和社会动荡所影响的一种力量，是把人的性命与更广阔的永恒的实在联系起来的精神动力。例如，人们总是在物质追求受阻和事业目标受挫时，常以现实的由己及人的身心平安聊以自慰，这便是安全文化对人类社会具有与宗教类似的无形影响力之所在，也是各种宗教文化产生的基础因素。

然而，在现实社会中，宗教文化与安全文化之间具有创造价值和强相互作用的关键课题被忽视甚至被遗忘；因而在官方尽管分得很细的，门类很多的专业学科框架里毫无地位。但是，在专业的科研和主流的学术界之外，包括宗教在内的社会力量，一直持续地在为人类实现安全，利用历史经验、传统观念或者这些历史经验、传统观念的某个特定方面，以此作为改变人们生产生活诸行为的方法。这表明，科学与技术的专业化发展，丝毫没有削弱人们对某种历史观念和习俗、某种从社会和谐和精神追求方面对当代安全文化进行解释的需要，不管这些追求被定义为宗教的还是世俗的。

好在现行国家标准《学科分类代码（GB/T13745－2009）》中，将"安全文化学"列入"安全科学技术（一级学科，代码620）"的第三级学科，代码为6202160，使安全文化成为科学研究的对象。另外，借鉴《企业安全文化建设导则》（AQ/T 9004－2008）的说法，即企业安全文化建设与企业"实现在法律和政府监管符合性要求之上的安全约束"的愿望有关。据此我们认为，

---

① 参见《工作参考》（北京市安全监管局主办）2011年7月29日第7期总第47期第11－15页。此系作者为四川省职业安全健康协会代拟的安全文化研究选题设想。

企业安全文化建设也可以在现行法律法规和政府安全监管符合性要求之外寻找行之有效的方法、措施和手段。这为安全文化的发展创造了前所未有的条件，使人们可以从学术的角度详尽地追溯安全文化对包括宗教在内的各种文化的影响，以及存在于各种文化和宗教信仰中的，包括各种教义与戒律中的安全文化元素，取其精华，促进和谐社会的构建，服务于现实的以生产安全为重点的安全事业

本课题以佛教五戒所蕴含的安全意义为研究对象，结合生产安全工作所处的现实经济社会背景、法治环境和现行法律制度，揭示宗教文化与安全文化的相通之处，丰富当代安全文化的内容，进一步倡导安全文化，净化经济社会大环境，为生产安全创造良好的外部条件，真正形成"关注安全、关爱性命、一心向善，三不伤害"的社会氛围。

## 二、佛教五戒与生产安全

五戒是佛教文化中一切戒律的基础，所有信徒（包括没有出家的在家居士）都要遵守五戒。五戒的内容包括：不杀生、不偷盗、不邪淫、不妄语、不饮酒。其具体内容与当代社会生产安全的联系如下：

**不杀生戒**：以生命安全为对象的戒条。佛教倡导大慈大悲，所谓慈悲为怀，就是要有恻隐之心，不忍伤害百姓万民。今天市场秩序的维持，从业人员生命安全和身体健康的保障，离不开社会各界、各市场主体，以及其中的决策者、管理者、操作者，人人做到"三不伤害"，即不伤害自己、不伤害他人，不被他人伤害。要求企业负责人为从业人员提供确保安全健康的作业条件，提供劳动保护个人用品，采取防暑降温、防冻保暖措施等，这些都可使自己真正做到不伤害别人，哪怕是间接伤害别人的事情也不会发生。这与"不杀生"所表达的意思是一致的。因此，"不杀生"，不但是佛教的第一戒律，同时也是表述为"不安全不生产"的我国国家法律的重要内容。

**不偷盗戒**：不仅是以财产安全为对象的戒条，而且还可避免因财产不安全伴随或引起的人身安全问题的发生。佛教文化中的不偷盗，不是现在人们理解的单纯的盗窃，它还包括贪污、侵占、勒索、抢劫、绑票等多种情形。今天，严重影响生产安全的非法采矿、不具备安全条件的违法生产现象，就

属于这种类型。按照佛经的说法："不予而取谓之盗。"因此，君虽爱财，但一定要取之有道。也就是说，人们应该按法律法规的要求，合法地干正当的事，凭着智力和体力，有劳而获，才是正道。要是非法而获、不劳而获，与偷盗行为没有差别。

偷盗情形，有直接与间接之分，有有形与无形之别。例如没有采矿证，盗采国有矿藏资源，这种非法行为，是直接的盗；不具备安全条件、安全投入不足、克扣工人劳保用品等安全违法行为是间接的盗；安监官员利用行政审批大权向企业索贿受贿，是有形的盗；为了好处给不具备安全条件的企业发放安全生产许可证，或假公济私，找借口到企业报销费用，是无形的盗。总而言之，不与而取，或以不正当的手段获得的财物，都是盗。

从古到今，偷盗是坏事人人皆知；世界各国的法律，尽皆严格禁盗，只要是盗窃行为，不论是暗偷还是明抢，都是违反法律的。但在现代社会里，人心不古，很多人向钱看，为了降低生产成本，便削减安全投入，破坏市场秩序。同时，许多本应归入偷盗类的不正当情形，因有了别的说法而减弱了人们对其行为的反感；所以现实社会中，不少人肆无忌惮，导致前些年我国生产事故高发，因事故死亡者每天多达300余人。尤其是非法采矿（暗中盗采与公然明抢均有）引发的矿难，却没几人因前置有盗采国有矿藏的严重情节被判相应重罪，反而在事故查处中被默认为合法，最终以责任事故罪从轻发落。而在佛法中，不论在家或出家的信徒，只要犯偷盗戒，都有因盗而判犯重罪的。

此戒有利于人们少欲知足，知足常乐，断掉贪念，不犯偷盗戒。如果人人养成不偷的美德，不仅生产安全有了无形保障，包括社会治安在内的公共安全也会改善，人人出入平安，工作生活安全，身体健康，生命和财产也全无安全之忧。

**不邪淫戒**：此戒为强奸、嫖妓、拐骗、重婚等不当行为之戒。这些行为如果不受制约，家庭不和将成为社会安宁的破坏因子，会使人们的生活安全、生产安全受到严重影响。许多事故的间接原因早已证明，因家庭矛盾对员工情绪的破坏导致的操作失误，占事故原因的比重相当大。而家庭矛盾，大多是由于不正常的男女关系（邪淫）引发。例如"男人金屋藏娇，女人红杏出墙"等，严重者会导致家破人亡，而家庭冲突的持续过程，又是生产事故的隐患，因为处于家庭不和状态中的男女员工，难免在工作和操作中走神、分心，成为生产的不安全因素。所以，佛教的戒律，允许在家佛教徒有世俗的合法夫妻生活。由此引发开来，如果人人都忠于合法婚姻，夫妻和睦，社会生活将平和安宁，生产过程将安全稳定。

**不妄语戒：**毁谤、背信、伪证、恐吓等诸种与信用有关的戒条。此戒要求佛教徒培养高尚的人格，与人相处，要以诚信为基础，说话必须心口一致。不仅要让人家相信自己，还要多赞扬人家，鼓励人家。如果老是撒谎，没有信用，就会陷入不和谐之中。未见言见，见言不见，虚伪夸张，藉辞掩饰，隐瞒事故，虚报工亡人数等，皆为妄语。妄语不但欺人，而且自欺。古人云，做人要"言而有信，童叟无欺"，说的就是这个道理。

国务院23号文有十项制度创新，其中就有"企业安全生产信用挂钩联动制度"。这项制度规定，要将生产安全标准化分级评价结果，作为信用评级的重要考核依据；对发生重特大事故或一年内发生2次以上较大事故的，一年内严格限制新增项目核准、用地审批、证券融资等，并作为银行贷款的重要参考依据。这项制度的建立，对企业及其经营者提出了新的要求，而且将安全达标和有无事故作为考核依据。如果不弄虚作假，个别企业还真的难以达标取证，不能达标，则信用受损；如果弄虚作假，则企业信用完全丧失，企业就没了生存条件和立身之地；如果企业经营者能以佛教的不妄语戒严格要求自己，守持此戒，既务实更求真，以诚实守信打造企业文化，依法按标准实施足够的安全投入，不搭花架子，不做表面文章，不搞形象工程，不求蒙混过关，企业就会长期稳定运行，员工安全健康就有保障，企业形象就会提升，信用就会保持，就有可持续发展后劲。

**不饮酒戒：**此戒主要是为了避免酒后生事儿。因为饮酒后，特别是饮酒过量醉酒后，容易引发杀盗淫妄。凡此种种，于己于人，均不安全。大家知道，酒会乱性，使人失去理智，生出事端；一旦酒精中毒，还会直接危害饮酒者的生命安全。由于醉酒导致的事故很多，如酒后驾车、酒后值班等。

另外，佛教五戒与儒家的五常有相通之处。五常指仁、义、礼、智、信。与五戒可一一对应，即不杀则仁，不盗则义，不淫则礼，不妄则信，不酒则智；换句话说，仁者不杀，义者不盗，礼者不淫，信者不妄，智者不饮酒。

由此可见，五戒与五常的倡导，可促进生产安全长效机制的形成及安全文化的建设。

## 三、五戒的重要性

佛教认为，五戒是做人准则，如果人人守持五戒，则世界和平，社会安定，国家昌盛，家庭和睦，可为人类社会减少杀盗淫妄等灾祸的威胁，这样就能达到净化人的心灵的目的，又可以达到净化社会，促进百姓万民的安康与幸福。五戒含有无限悲心，可培养推己及人的同情心。因为不忍自己被人杀害，所以知道他人乃至万民众生，都有不忍被杀害之心。此与今之"关注安全""关爱生命""尊重生命""三不伤害"之倡导，以及和谐社会之构建完全相通。

如果佛教的五戒能用安全文化去解释，或者能作为安全文化的建设内容，然后普及到社会，深入到公众心中，人人奉行五戒，社会就不会有凶杀、强盗、欺骗等案件的发生。现实社会中，媒体每天都有人间悲剧的报道，特别是发生在生产领域的工伤事故和职业伤害，绝大多数都是责任事故，有些甚至是非法生产所致，归根结底，无一不是名利财色作祟的结果，这些罪恶的类别，都跳不出杀盗淫妄的范围。

因此，在我国，生产安全虽有法律法规可以遵循，但法律法规在执行上多表现于事后，重事后制裁，不重事前预防，有法不依、有章不循的现象十分突出。那些明知克扣劳动防护用品可能引发工伤的间接故意伤害行为，那些通过安全行政审批索要钱财的行为，那些不守信用以欺骗手段蒙混过关获得安全证照的行为，等等，比比皆是。正因为如此，我们要从客观存在于民间的宗教与信仰中、从百姓万民都知道的有关做人的戒律中，寻求有利于安全的积极因素。而佛教的五戒，具有扩大同情心，关爱他人生命的功能，其中的不杀生戒，不仅是不杀人，还不伤害一切动物，不仅身不去杀，连心也不能动杀念，这是世俗法律所不及的。

以上只是初步设想，应有机会通过讨论，集思广益，以此为基充实完善，形成框架，并按"五戒"建立5个子题，落实人头展开深入研究，最后再汇集成果，完成课题。

（2011 年 7 月 17 日于成都）

# 投身安全工作当有坚定信念①

——为《杜邦十大安全理念透视》所作的序言

作为一名当代安全工作者，胸中应有坚定的信念。这个信念就是任何事故都是可以预防的，目的是构建一个让所有人都远离伤害的和谐社会。一个以生产领域为行政监管对象的安全工作者，应该把这个信念内化为自己的岗位责任，而不以任何理由为可能的失职预设塞责的托辞。一个身处一线的安全工作者，应该顺应时代所倡，把这个信念与本单位生产实际结合起来，让生产实践符合安全科学所揭示的生产规律，努力降低和有效控制存在于生产系统中的各类风险，全面消除常见于人、机、环、管诸方面的事故隐患。

所谓信念，就是对已被历史经验和当前实践证明是正确的理念的坚信不疑；而安全信念，即"任何事故都是可以预防的"，或曰"安全工作是可以做好的"，由于其事关百姓万民的身家性命，是当代各个层次、各个领域、各行各业的各类安全工作者尽皆必备的基本入职条件。倘若没有这个信念，或虽有此信念但却不很坚定，十有八九会既误自己，又误广大劳动者须臾不可或缺，且在目前已列入国家发展战略的安全事业。

以工程技术为手段对自然物进行向人生成，并有用于人的各类攫取或攫取性加工，生产或生产性研发，以及与之有关的全部人类活动，其客观存在的安全问题，无一例外地均产生于人的行为过程与结果之中，且多在人类认识范围之内。这一并非特例的判断，是任何事故皆可预防的立论依据，而且早已被200多年来一直身处高危行业，致力于为人们的衣食住行进行科学探索的杜邦公司的安全实践所证实。杜邦公司的工厂遍布全球，其安全记录优于其他工厂十倍，员工上班时比下班后安全十倍。这不是一段商业性业绩报告，更不是一条应时性广告用语，而是多年来以坚定的安全信念为基形成的

① 参见《杜邦十大安全理念透视》北京,化学工业出版社,2013年6月。

"长效机制"，并在这种机制的作用下创造并得以保持，进而不断刷新的一项具有普世价值的科学奇迹。

这个奇迹为什么会出自杜邦？杜邦是怎么创造奇迹的？

崔政斌先生的新近力作《杜邦十大安全理念透视》给出了答案。

杜邦之所以能创今天的安全业绩，自有其历史渊源和文化因袭。杜邦公司以制造火药起家，创始人伊雷内·杜邦一开始就因其固有的危险性而特别重视安全，视安全为企业的生命，定"责任关怀"为企业价值观，尤其是当今在全球普遍倡导的企业安全文化，即"以人为本、安全至上"，这对杜邦而言是与生俱来的原生文化。200多年来，杜邦在全球工业界率先制订员工安全计划和企业安全条例；特别是几代杜邦掌门人，都恪守一条规矩，即任何一道新工序、新设施，在没经过杜邦家族成员亲自试验以前，其他员工均不得进行操作。如今，杜邦创制的企业安全标准，无论涉及哪个领域、哪个行业，无论是产品标准，还是技术标准、管理标准，等等，都是最高的；而杜邦公司本身，已经成为是全球工业安全可望难及的标准样品。值得欣慰的是，杜邦在其公司价值观的驱使下，在把自身安全做到极致的同时，还把做安全的成功经验总结提炼出来与人分享，向全球各类企业提供安全防护、逃生技巧、安全培训、现场管理等方面的咨询服务，使安全也成为公司的一种新的具有很高市场价值，且前景广阔的引领性无形商品。2001年"9·11"事件后，美国政府和众多大型企业就曾向杜邦公司提出包括上述内容的安全咨询。这是杜邦十大安全理念之首尾呼应，体现向安全要效益、要发展的内在逻辑关系，即：任何事故皆可预的，良好的安全是一门好的生意。

崔政斌先生在书中说："杜邦公司安全管理经验告诉我们，安全管理是一个庞大的系统工程，必须全员参与……"的确，杜邦公司在"责任关怀"核心价值观的长期引领下，不只是安全管理人员，而是公司决策层、各级各方面管理人员和普通员工，只要是杜邦人，都无一例外地、毫不动摇地树立起安全信念。这充分体现在公司的管理制度、公司的经营实践、员工的行为方式中，并藉着企业文化构造一个良好的组织氛围和环境，增强员工的工作积极性、主动性和凝聚力，激发员工的创造力，以文化的力量推动杜邦由一家纯粹的"化学公司"向综合性"科学公司"发展。公司有如此高的发展定位和人本目标，员工有如此宜人的工作环境和安全信念，这就是杜邦公司为什么会产生诺贝尔化学奖得主，为什么会自1804年以来的200年间取得17 000项专利，为什么会创出"两个十倍"安全业绩的深层次原因。

崔政斌先生对杜邦公司十大安全理念的透视，字里行间，难掩其在化工企业长期从事安全管理的影子。正如他在前言中所说，自己是杜邦安全理念的受益者、学习者和实践者，在多年的企业安全管理实践中，运用杜邦十大安全理念去规范企业和自己的行为，在杜邦十大安全理念的引导下，逐步认识和体会到安全管理的真谛。崔先生虽没在杜邦属下的任何企业工作过，但作为其安全理念的推崇者，他结合自己在实践中的切身感受，写出了他对杜邦安全管理理念的"中国化"理解，全书充满人性的光辉。

由于安全的唯人性，每个安全工作者，不管具体岗位在哪儿，都或直接或间接地服务于人，造福于人。也就是说，由于安全的意义在本质上是积极的，那么，以安全为目的的所有工作，都应光大其积极性；否则，就有违人文，有悖常伦。这一点，通过崔先生对杜邦安全理念和价值观的透视，令笔者生出颇多感悟。

近年来，我国城市化率空前提高，经济发展方式落后且呈多元发展态势、社会分化日渐明显，各种负面因素趁机接踵，导致物质生产领域安全形势持续严峻。于是，难免有人回避国内社会制度的现实，把自己的视线移向西方，在故纸堆里回观人家原始积累阶段的情况，片面认为这是农业社会向工业社会过度之必然，理由是此阶段许多发达国家都不曾逾越。一时间，"事故易发期理论"便以安全科研创新成果为名大行其道，使很多人对生产安全丧失信心；与此同时，"事故难免论"也死灰复燃，其消极影响直指决策与管理。然而，党中央、国务院压根就没理会这些消极因素的渗透，并高瞻远瞩，以加快经济发展方式转变等安全发展措施做出回应，充分显示了我国的社会制度对生产安全的积极作用。

关于上述，杜邦认为，"从科学出发，一切事故均可避免"。同样是拿科学说事，两相对比，孰是孰非，不难辨识。安全科研及其成果应该是积极的、道德的，如果是消极的，不管怎样包装，都将失去社会价值。所以，在研究社会历史进程各个阶段的安全状况时，既要尊重历史，又要在全面还原历史的基础上，择其积极因素；应当避免把既往的，由于认识的局限和客观条件的制约而出现的状况，与早已不可同日而语的现实中的某些问题作简单类比，去推导其存在的合理性。笔者坚信，马克思和恩格斯关于消除"资本"侵害劳动者权益的科学主张，能够成为发达国家当年摆脱困境的良方，自然也能成为我们改变现状的指导思想。杜邦公司让劳动者有尊严的工作奠定了它的长寿之基，这证明两位导师的主张是经得起实践检验的真理。

人类社会发展至今，跨越时空的经济互赖和资源共享已不可逆转，信息技术和发达的交通又给交流与合作带来诸多方便。因此，全球化、一体化不再是抽象的概念，而是人们日常生活的真实体验。在这种背景下，市场经济也超越意识形态和社会制度，成了全人类日益趋同的选择。

市场经济是竞争经济，有利于各种资源的优化配置，而合作是优化的基础，通过优化合理利用资源，共谋可持续发展；但是，竞争本身也得优化，换言之，竞争不能无序，更不能无度，否则会适得其反。市场经济又是法治经济，市场要立规约束，竞争要循规自律；于是，国际上便有了一系列的竞争规则，特别是质量、环境和职业安全卫生规则。这些规则各有侧重，或消费者，或劳动者，或子孙后代，总而言之，都离不开对人类生命安全、身体健康和生存状况的关怀，是既谋远又虑近的发展良方。其中，劳动者安全健康是否达标，成了关税之外的贸易壁垒，这是全球制造商的市场准入门槛，更是企业存在的基本条件。因为安全健康是人权之本，劳动者人权不保，发展意义何在？所以，这是继环境问题之后，人类面临的又一核心问题，也是许多发展中国家亟待解决的突出问题之一。

中国是全球最大的发展中国家，我国政府在加入 WTO 前就向国际承诺，遵守贸易规则。如今，人权入宪，职业安全卫生法律日渐完善，保障劳动者的职业安全健康是国家意志、企业义务。由此可见，在发展理念上，我国与发达国家并无二致，只因经济实力所限，暂时存在一些消极因素，但绝非主流。近年来，一些先行的行业已经开始以社会良知和道德规范来约束自己的生产经营行为，这将使更多行业不满足于履行法律规定的社会责任，而是努力寻求国际合作，借鉴全球最佳经验，更广泛、更高水平地实施责任关怀，使职业安全卫生之路越走越宽。因此，我猜测崔先生写这本书，其言外之意，是想让我们去思考，即向国外学习，到底应该学什么的问题；特别是要树立做好工作的坚定信念，在正确理论的指导下积极地作为，忠实地履职。

与崔先生相识快 20 年了，最初，我们携手于安全文化的早期研究与探索，伴随着这一研究的深入，我们曾有多次合作。近10年间，崔先生工作之余笔耕不断，著述颇丰，由他独著和组织编写的安全专著多达10余部，他的著作已经成为一道独特的风景：贴近实际、实在适用。这在安全图书百花园里，可谓增辉添彩；而即将在化学工业出版社出版的这本书，崔先生的贡献想必不只是方法上的。

（2012 年 9 月初稿于成都， 10 月再稿）

# 水利文化的安全辉光①

——为大渡河某水电开发公司安全文化手册代拟的序言

当您打开这套手册的时候，您就已经登上大渡河流域水电开发公司这艘绿色的航船；

当您的目光穿行于这套手册的字里行间，您的整个身心便会漂流在这条令人遥想遐思的时空长河；

当您耐着性子将这套手册读完，您一定会由衷地感到，这里就是您可以乐业的港湾，安居的家园。

当然，你们中也许有人会说自己是公司元老，早就深深地涉入这条河；或说自己是资深员工，早就登上了这艘不弃之船；或说自己来自水利世家，天生就是这个大家庭的一员。

但是，无论您是谁，有何出身，何方人士，来自何时，大家都肩负同样的使命，为了同样的愿景，被赐予同样的名字——大渡河。

是的，大渡河就是我们的名字，我们是自豪的大渡河人。

正是这极为普通、又非唯一的名字，由于我们对她所承载的时空内涵作了穿越式的拓展，使她在属于我们的那一刻起，便永久地定格为独一无二，没有谁能够复制翻版。这个名字把公司仅有的十余年历史拉长了若干千年，使我们这个年轻团队所专注的事业与华夏先祖追求安澜的未尽之志一脉相连。我们就是这样的一家公司——以大渡河为姓、为名，更以大渡河水为国、为民。

这就是我们，但仅此还不是我们。

无论从空间上环顾，还是从时间上回溯，大渡河与她众多姊妹的流经之地，自古就是水患洪灾的策源之地；她们在一起，共同铸就了神话时代生于

---

① 本文为非采用稿。

斯、长于此的夏禹王疏水除患的丰功伟绩，她们还促进了有据可考的山地农业的发展，使高山峡谷成为半牧半农的华夏先祖东迁之前的社会活动中心；加之以三星堆遗址为代表的古蜀文明的兴衰与迁徙，以灌县玉垒山麓二王庙为经典的纪念性古建筑群，以乐山大佛为代表的摩崖造像艺术，还有僰人置木棺于悬崖给后人留下的猜想，均与自然的水患和超自然的避水、治水、镇水之追求有关。

此地，文化堆砌厚重无比、历史遗存辉煌灿烂。由此可见，这里是中华民族的文化摇篮，是炎黄子孙求生存谋发展的智慧之谷，也是以治水为标志的人类安全文化的发生地之一。

如今，我们回归远祖故里，成为源远流长的安全文化的当代传人，沐浴先祖灵慧之光，吟着天国英雄悲歌，蹈着红军胜利足迹，从五湖四海西迁而来，承继祖先除水患、利农业、便交通的"三功"之德，并超越传统治水文化的局限，怀着"与青山绿水为伴、让青山绿水更美"的雄心壮志，以当代科技作支撑，敢叫水流变电流，并改秃山为芳甸，更使沟壑成平川。

可以说，选择了大渡河，也就选择了一种生存方式，选择了对生活、对工作，及至对整个事业和人生的一种态度。我们在受用祖先留给我们的、充满睿智的安全文化的同时，还要从大渡河的自然秉性中，悟出怎样才无愧于祖先、造福于当代、遗惠于子孙，怎样才能创造出全新的、具有水电企业特点、特别是大渡河特色的企业安全文化样式。

我们开发大渡河，因为她有着汹涌狂暴的激流，拦截她、约束她、引导她，使之静流如歌、柔波似画。显而易见的好处是，制造可再生清洁能源，调节工农业和城市用水；然而潜在的、具有本质意义的好处，仍与历代治水之功毫无二致：根除下游洪患，涵养两岸水土，改善周边生态，优化全流域产业结构，带动区域经济发展，福佑两岸原住居民……这些都是着眼于大安全的，又不单纯是为了安全的，或者说都是寓在安全实践之中的，体现当代治水人基于科学发展观的大手笔之巨著，尽显人间和谐、环境友好之当代功德。

我们已经说过，我们是源远流长的安全文化的传人。我们既创造安全，我们还享受安全。我们不仅要在"敢于碰硬，善于创新，勇于争先，乐于奉献"的大渡河精神的鼓舞下，通过科学地开发清洁的可再生能源，为国家、为民族的安全发展创造有利条件；我们更要坚持"以人为本，警钟长鸣"的安全理念，在国家法律和政府监管的符合性要求之上，安全地去开发和利用大渡河取之不尽的水力资源，确保每一个大渡河人职业生涯的生命安全和身体健康，并以长久的人生，共享经济社会发展的成果。唯其如此，我们献身的这条河才长流不息，我们不弃的这艘船才永不沉没，我们依恋的这个家才团圆美满。这是我们认同的"三同文化"枝繁叶茂的根本所在，如果没有这个根本，我们所做的一切，便茫无头绪，失去真谛。所以，我们要以公司"安全第一，生命至上"的理念，来指导我们的基本建设与电力生产，让公司的每一个决策，每一次实践都能体现这一理念。

我们还要说，我们不愧为安全文化传人。因为我们从不满足于被动继承，我们一直在弘扬刷新。公司创建十年来走过的路程和发展壮大的事实证明，具有大渡河特色的企业安全文化体系已经形成，这一体系的核心价值观就是"以人为本"，方法论就是"警钟长鸣"。这八个汉字虽司空见惯但内涵丰富，既是目的所在，又是价值取向，还是方法选择，更是公司安全理念的科学演绎，也是寓在"三同文化"① 中之社会责任的主动担当。

我们之所以择"以人为本"为价值取向，是因为安全只与人有关，离开了人，安全便失去意义；我们之所以定"警钟长鸣"为工作方法，是因为安全是一个无始无终的闭环，需要长期的预防才能实现，需要不断的改进才能保持。因此，我们倡导珍惜生命；我们强调居安思危；我们主张全员、全过程、全方位、全天候抓安全；我们已经养成人人事事讲安全，时时处处保安全的思维和行为习惯。

与此同时，我们还坚持用安全科学指导公司各项业务，用科学手段完善安全管理体系；我们坚信，一切事故都是可以避免的。基于这样的认识，我们把"零伤亡、零事故"作为与公司共存的安全目标。为了保证这一目标的实现，我们以"轨迹交叉理论"为指导，强化制度建设，用"零违章"解决人因问题；用"零缺陷"解决物因问题；用"零容忍"解决管理问题。使公司上下"思想认识到位、防范措施到位、责任落实到位"。

这就是大渡河流域水电开发公司的安全文化，它的最大特点是具有强烈

---

① 三同文化，即同一条河、同一艘船、同一个家，此为国电大渡河流域水电开发有限公司的企业文化内涵。

的原生形态，是企业员工在十余年安全文化实践中坚持原创、继承、借鉴三结合的产物，是有普遍应用价值的基本作法的结晶。它不仅以思想和理念，体现在安全文化的深层结构中；它还以制度和行为，体现在安全文化的中层结构中；并在安全文化的浅层结构中也有着诸多可见之物。同时，还在各个层次上以众多的内容，相互交错着，构成安全文化的基本乐章。

　　总而言之，大渡河流域水电开发公司的安全文化，是根源于远古治水文化的企业安全文化，是华夏各族起始以来与水利有关的各种文化积淀的翻新，是泛大渡河流域众多镇水除患事件的今古回应；无论现实的流与未来的变是啥样子，怎样超越，都必将打上治水避灾的烙印，都会被冠以大渡河的名字，并与"三同之光"交相辉映，给力公司发展，保佑员工安康，恩惠两岸百姓，福泽子孙后代，为经济发展方式的转变和中国速度的保持提供强大动力；为和谐社会的构建和民族复兴，做出新的贡献。

　　　　　（2013 年 3 月初稿于成都，　5 月再稿于甘孜州康定县孔玉乡
　　　　　　　　猴子岩水电站施工营地）